Inga F. Sprünken

Stadtführer für Hunde
FRED&OTTO
Unterwegs in Köln

Impressum

Bibliografische Informationen der Deutschen Nationalbibliothek

Die Deutsche Nationalbibliothek verzeichnet diese Publikation in der Deutschen Nationalbibliografie; detaillierte bibliografische Daten sind im Internet über

http://dnb.d-nb.de abrufbar.

ISBN: 978-3-9815321-1-1

Grafisches Gesamtkonzept, Satz und Layout:
Stefan Berndt – www.fototypo.de

© Copyright: FRED & OTTO – der Hundeverlag / 2013

www.fredundotto.de

Alle Rechte, auch die des Nachdrucks von Auszügen, der fotomechanischen und digitalen Wiedergabe und der Übersetzung, vorbehalten.

Illustration:
Leandro Alzate (www.leandroalzate.com)

Abbildungsverzeichnis

Inga F. Sprünken: S. 9, 12,13, 14, 15, 16, 17, 18, 19, 27, 28, 29, 30, 31, 32, 33, 34, 36, 39, 41, 43, 52, 53, 57, 59, 60, 63, 68, 69, 73, 75, 76, 79, 80, 85, 87, 88, 90, 91, 94, 95, 99, 101, 102, 105, 107, 108, 109, 110, 112, 113, 114, 116, 120, 121, 124, 125, 127, 128, 129, 130, 131, 133, 137, 138, 140, 146, 147, 151, 153, 154, 155, 156, 162, 163, 167, 168, 172, 173, 175, 178, 179, 180, 182, 183, 184, 185, 190, 191, 195, 196, 197, 200, 202, 203, 205, 206, 208, 211, 212, 213, 216, 217, 221, 222, 224, 227, 228, 229

FRED & OTTO: Adrian Lieb: S. 134, 161; Alexander Schug: S. 45, 51, 64; Frank Petrasch: S. 186; Ina Maslok: S. 92, 187

Tobias Grundig: S. 23; Dr. Silke Wechsung: S. 25; Jagdgefährten e.V. (Ursula Weidmann): S. 47; Bruno Pet e.V.: S. 49; Tierheimhelden: S. 50; Flexidog: S. 66, 67; Vanessa Lewerenz-Bourmer: S. 119; VITA-Assistenzhunde: S. 142, 143, 144, 145; Tasso: S. 159; Vetfinder (Thomas Hinze): S. 188, 189 (oben), Tobias Grundig: S. 189 (unten); Snoopet (Larissa Maes): S. 215

(Rechte der Produktabbildungen liegen bei den jeweiligen Herstellern)

Finde uns auf Facebook unter www.facebook.com/fredundotto

Inhalt

Vorwort	**8**

Stadt & Hund — **11**
Ein fotografischer Streifzug

Züchter, Tierheim & Co. — **21**

Gute und schlechte Hundehalter – oder wieso Menschen Hunde wollen — 22
Interview mit der Psychologin Dr. Silke Wechsung

Das etwas andere Tierheim — 26
Gelebte Tierliebe mit sozialen Anknüpfpunkten

Wie aus Freddy Fredo wurde — 30
Vom Straßenköter zum Atelierhund

Sind gezüchtete Hunde die Besseren? — 32
Oder – alles für den Tierschutz

„Billig will ich" – aber nicht bei Hunden — 35
Warum niemand in Köln Wühltischwelpen kaufen sollte

Fairdog Award – Tierschützer kämpfen gegen die Rassendiskriminierung — 38
Pitbull, Stafford & Co – besser als ihr Ruf

Der ideale Servicehund — 40
Labradoodle bringen die besten Voraussetzungen mit

Rasse- oder Mischlingshund? — 42
Wer passt am besten ins Menschenrudel

Jagdgefährten fürs Leben! — 46
Jagdhunde brauchen besondere Beschäftigung

Die Sache mit den Hunden in Süd-Osteuropa — 48
Der Tierschutzverein Bruno Pet e.V. rettet rumänische Straßenhunde

Tierheimhelden! — 50
Ein Start-Up vernetzt die Tierheime und hilft bei der Vermittlung

Futter & Philosophie — **55**

Mein Hund will nicht fressen — 56
Eine Wissenschaft für sich – das richtige Hundefutter

Hunde-Eis Banane-Rindherz und Erdbeer-Hähnchenleber — 59
Das Hundeschlaraffenland in Braunsfeld

Hirsebrei statt Pansenschmaus — 62
Veganismus für Karnivoren

Weniger Fleisch ist mehr — 66
Ein Tiernahrungshersteller will unsere Hunde zu „nachhaltigen" Konsumenten machen

Sitz & Platz — **71**

Einstein auf vier Pfoten — 72
Wie Hunde ticken – ein Persönlichkeitstest soll es herausfinden

Der Hundekindergarten — 75
Benimmkurse für kleine und große Vierbeiner

Spaß, Sport und Spiel für Hunde — 78
Im Verein wie in der Hundeschule

Hunde wollen einfach nur Hunde sein — 83
Der Hundepsychologe meint: Kein Stress mit Agility & Co.

Von Jägern, Fährtensuchern und Mantrailern — 87
Jobs für Hunde – Hundejobs

Ein assistierender Jagdhund — 90
Der Hund als Freund und Helfer

Gassi & Co. / Reise & Verkehr — 97

Toben und Schnüffeln ganz ohne Zwang — 98
Wo dürfen Hunde frei laufen?

Mit Hund unterwegs im Öffentlichen Personennahverkehr — 104
So klappt's mit dem Hund in der Bahn

Gassiservice, Huta und Hundepension — 106
Wie sich Hundehaltung und Berufstätigkeit vereinen lassen

Vierbeiniger Beifahrer — 109
Der Flug durchs Auto kann böse enden

Städtetrip mit Hund? — 111
In Köln kein Problem

Fährst du mit? — 113
Urlaub mit Hund

Gegen Zecken und Milben ist ein Kraut gewachsen — 115
Prophylaxe besonders bei Reisen in südliche Länder

Die Hundenanny von nebenan — 118
Das Start-Up Leinentausch vermittelt persönliche Betreuung für Hunde

Gesetz & Ordnung / Politik & Soziales — 123

Geahndet und überwacht – Kölner Kampfhunde — 124
Von gesetzlichen Vorschriften und Statistiken

Immer Ärger mit der Steuer — 127
Wie die Stadt Hunden auf die Schliche kommt

Teure Hinterlassenschaften — 128
Ein Haufen Probleme im Kölner Stadtgebiet

Wie Hunde Menschen helfen — 130
Zu Besuch bei Demenzkranken

Lassie im Ehrenamt — 133
Tiergestützte Psychotherapie

„Der tut nix!" – Und wenn doch? — 134
Rechtsanwalt René Thalwitzer über die Fallstricke des Hunderechts

Ein ehrenamtlicher Gassigeher — 136
Michael Buchholz kümmert sich um die, die keiner will

Futter als Sozialhilfe — 139
Auch Tiere können bedürftig werden

Medizin auf vier Pfoten — 142
Die VITA-Assistenzhunde

Versicherung & Schutz — 149

Hilfe bei Unfällen — 150
Tierrettungsorganisation bietet bundesweit Hilfe

Blaulichteinsatz für Hund und Mensch — 152
Die Tiernotrettung der Feuerwache Ostheim

Die Feuerwehr – dein Freund und Helfer — 154
Wenn Hunde ins Eis einbrechen

Kleine Ursache, großer Schaden — 156
Auch Hunde sollten versichert sein

Vermisst & Gefunden — 158
Der Verein Tasso hilft seit über 30 Jahren, wenn Haustiere ausgebüxst sind

Gesundheit & Wellness — 165

Gesund für Mensch, aber nicht für Hund — 166
Erste Hilfe, nicht nur bei Vergiftungen

Homöopathisch und natürlich — 170
Heil- und Hausmittel nicht nur aus der (Hexen-)Küche

Gerüchteküche Spinnentiere — 174
Die häufigsten Irrtümer über Zecken – und was man gegen sie tun kann

Kastration und Sterilisation — 177
Pro & Contra

Physiotherapie bei Hunden — 179
Schnelle Hilfe bei vielen Beschwerden

Gesundheit für Fellnasen und Federträger — 180
Ein umfangreiches Behandlungsspektrum

Der Hund im Jahresverlauf — 181
Auch Tiere haben unterschiedliche Bedürfnisse

Wassersport als Therapie und Spaß — 183
Das Hundeschwimmbad „Wasserfall" in Weiden

Nicht nur der Schönheit wegen — 185
Zu Besuch bei der Hundefriseurin

Tierarztsuche leicht gemacht — 188
Wie Software-Entwickler Thomas Hinze auf den Vetfinder kam

Shopping & Lifestyle / Leben & Arbeiten — 193

Der Hund in der Stadt — 194
Einkaufen mit Hund

Wohnen mit Hund in Köln — 197
BGH erteilt Hundeverbotsklausel eine Absage

Kollege Hund – ein Schnuppertag — 199
Wie Vierbeiner im Büro das Arbeitsklima verbessern

Pokale für die Schnellsten und Schönsten — 201
Eis für Vier- und Zweibeiner beim Windhundrennen

Natur pur mit Fellnase & Co. — 203
Geführte Kanutouren auf Sieg, Wupper und Rur

Von Jagdbegleitern und Schoßhunden — 204
Hunde in der Kunst – eine Museumsführung

Tierische Sternzeichen — 207
Wie sich astrologische Eigenschaften im Hunde-Charakter spiegeln

Hunde im Web — 211
Hundeallerlei – der Web-TV-Sender für Hunde und ihre Menschen

Der Kackel-Dackel in der Bar — 212
Ein Treffpunkt für Cocktail- und Hundefans

Liebe geht über den Hund — 214
Wie ein Berliner Start-Up Hund und Menschen zusammenbringt

Gott & die Hundewelt / Trauer & Tod — 219

Einschläfern oder natürlicher Tod? — 220
Was der Tierarzt dazu meint

Die letzte Ruhestätte für den geliebten Vierbeiner — 221
Der Tierfriedhof Köln

Ein Leben ohne Henry — 223
Wie Hundehalter mit dem Verlust umgehen

Alles für Daisy — 226
Wie man nach seinem Tod für den Hund sorgt

 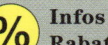 **Infos & Adressen** — **231**
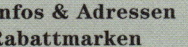 **Rabattmarken** — **241**

VOR WORT

oder: Der Hund – das unbekannte Wesen

Hunde sind unsere engsten Gefährten und treuesten Begleiter – und doch wissen wir relativ wenig über sie. Die ersten Hunde wurden als Nachfahren des Wolfes vermutlich bereits vor 14.000 Jahren gehalten. Archäologische Funde aus der frühen Bronzezeit lassen vermuten, dass es vor etwa 6.500 Jahren bereits fünf verschiedene Hunderassen gab. Daraus entstanden rund 400 in allen Größen, Formen und Farben. Sie entwickelten sich nicht nur zu Familienmitgliedern, sondern auch zu unersetzlichen Helfern des Menschen so wie etwa Blinden-, Rettungs- und Spürhunde.

Hunde sind sehr sozial und haben Fähigkeiten, die die des Menschen in vielen Bereichen übersteigen. Als wahre Leistungssportler laufen Windhunde bis zu 70 Stundenkilometer schnell. Und Hunde sind auch wahre Detektive. Die längste Fährte, die ein Bluthund jemals verfolgt haben soll, war 230 Kilometer lang. Dafür brauchen sie eine hervorragende Nase. Bis zu 220 Millionen Riechzellen machen das möglich – im Vergleich: Menschen haben nur fünf bis acht Millionen. Ihre Ausdauer zeigen unsere treuen Begleiter auch bei der Jagd. Sie können ohne große Schwierigkeiten 60 Kilometer zurücklegen. Ihr leistungsfähiges Herz schlägt dabei 60- bis 180 Mal pro Minute.

Aber auch ihre Gehirnleistung sollte nicht unterschätzt werden. Manche Forscher behaupten sogar, dass die der von Kindern entspricht. Unsinnig ist daher die Behauptung, dass Hunde nicht wissen, was sich ereignet hat oder was sie getan haben. In diesem Buch gibt es Beispiele für das Gegenteil. Denn Hunde merken sich alles, was für sie wichtig ist. Schließlich sind sie Individuen, von denen keines dem anderen gleicht. Wie beim Menschen sollen ihre Charaktereigenschaften auch mit dem Zeitpunkt ihrer Geburt zusammenhängen – darum gibt in diesem Buch ein Hundehoroskop (auch wenn es nicht immer ganz so ernst gemeint ist).

Alle möglichen und unmöglichen Themen haben wir zusammen getragen. Herausgekommen ist nicht nur ein Stadtführer für Hundebesitzer, sondern eine Wissensquelle für alle, die sich für Hunde interessieren – das heißt für Hundemenschen in der Stadt und auf dem Land. Das fängt an beim Hundekauf und führt durch das ganze Hundeleben hindurch bis zum unvermeidlichen Ende. Informativ und praktisch geht es zu in Rubriken wie Auslauf, Erziehung und Ernährung, bunt und lustig bei Lifestyle, Wellness und Freizeit.

Inga Sprünken mit Bijou und Emile

Wer einen Stadthund hat, weiß, dass es nicht immer einfach ist, das Hundeleben gut zu organisieren. Das Buch soll dabei helfen sein, viele nützliche Tipps geben, Adressen nennen und Fragen beantworten. Seinen Nutzwert unterstreichen schließlich auch die Rabattcoupons unserer Partner, mit denen man Geld sparen kann. Und der beigelegte Hunde-Stadtplan soll ein praktisches Helferlein sein. Und wir wollten auch ein buntes Buch machen – mit vielen Bildern von Kölner Stadthunden.

Wir selbst hatten übrigens ebenfalls großen Spaß bei der Erstellung dieser FRED & OTTO-Ausgabe. Und so möchten wir an dieser Stelle insbesondere allen danken, die wir interviewen und fotografieren durften, die uns Tipps und Hintergründe verraten haben.

Viel Spaß beim Lesen

wünschen Inga Sprünken mit Bijou und Emile

(PS: … und wer sich fragt, wer Fred ist - also das ist so: Otto ist eigentlich der Einzelhund des Verlegers und Erfinders der Buchreihe „FRED & OTTO unterwegs in…". Alexander Schug dachte sich, dass Otto aber noch einen besten Kumpel braucht, mit dem er durch die Stadt streifen kann – und so kam in Gedanken Fred dazu, ein kleiner Terrier, mit dem Otto nun die schönsten Orte Deutschlands erobert - so wie eben Bijou und Emile es in Köln getan haben…)

Stadt & Hund

Hunde in der Stadt und im Kölner Umland – große und kleine, dicke und dünne, alte und junge. Sie toben am Rhein und im Park, sie gehen artig mit Frauchen oder Herrchen spazieren, sind im Karneval genauso unterwegs wie auf diversen Veranstaltungen. Im Kölner Stadtgebiet sind aktuell 32.000 Hunde gemeldet. Das heißt, dass etwa jeder 32. Einwohner einen Hund besitzt. Damit sind Hunde ein Teil unserer Stadtkultur. Hier ein kleiner fotografischer Einstieg mit unseren treuesten Begleitern.

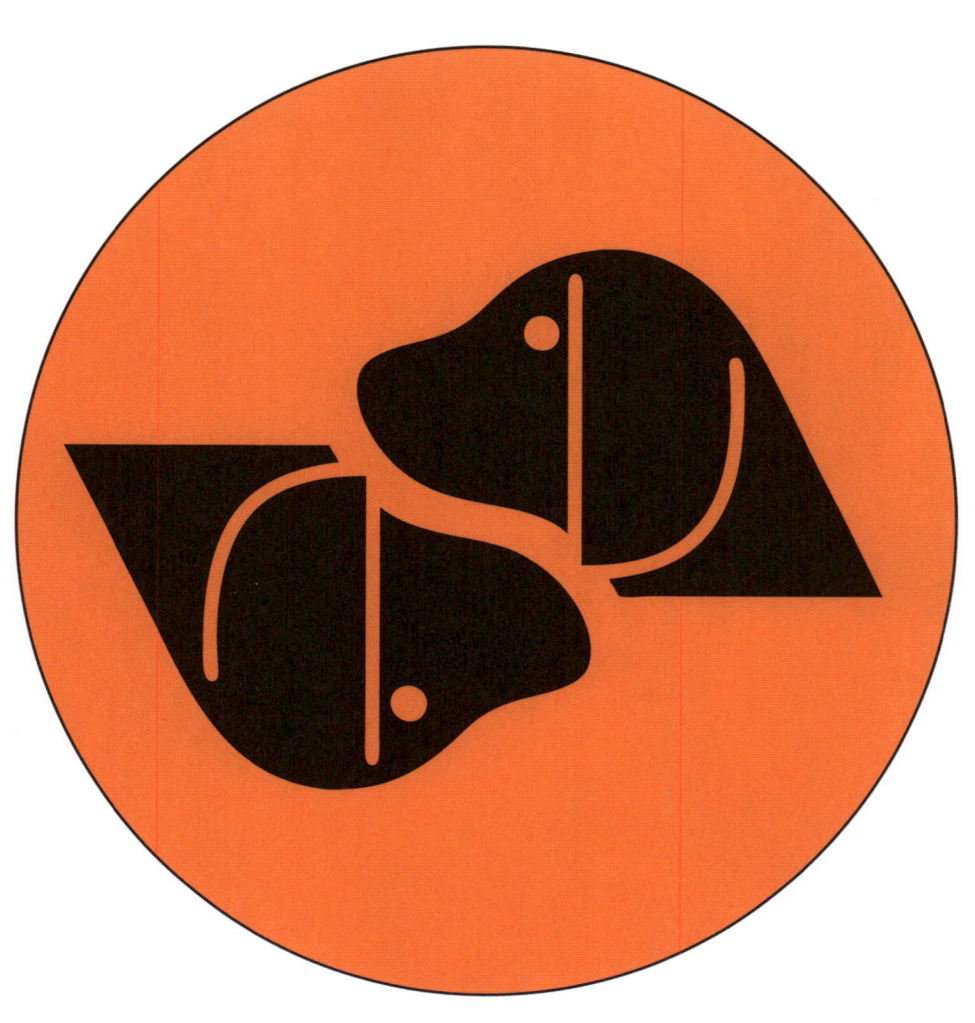

Züchter, Tierheim & Co.

Warum möchte man einen Hund? Welcher Hund passt am besten in die Familie? Wo bekommt man einen Hund und worauf sollte man unbedingt achten? Das sind Fragen, denen sich dieses Kapital widmet. Wir haben eine Psychologin interviewt, Tierheime besucht und mit Leuten gesprochen, die Hunde auf andere, als die herkömmliche Weise bekommen haben. Ob man sich besser einen Rasse- oder einen Mischlingshund anschaffen sollte und warum es den Fairdog-Award gibt – die Antworten findet man hier.

Gute und schlechte Hundehalter – oder wieso Menschen Hunde wollen

Interview mit der Psychologin Dr. Silke Wechsung

Wir kennen alle die Geschichten von spontanen Hundekäufen. „Der war soooo süß!", heißt es dann – und nach Weihnachten schwappt wieder eine Welle von Tieren auf die Hilfsorganisationen und Tierheime zu, weil der süße kleine Hund doch nicht in den Alltag passte. Wir haben uns gefragt: Was motiviert Menschen eigentlich, Hunde zu besitzen? Welche Hundehaltertypen gibt es? Wir sprachen mit Dr. Silke Wechsung dazu, Mitarbeiterin in der Forschungsgruppe Psychologie der Mensch-Tier-Beziehung an der Universität Bonn.

Was genau war der Anlass für Ihre Forschungen?

Ich habe als Psychologin viele Jahre über zwischenmenschliche Beziehungen geforscht und dabei z. B. die Frage untersucht, wann Menschen in Beziehungen glücklich sind und was eine gute Partnerschaft ausmacht. Als Hundebesitzerin habe ich mir dann häufiger die Frage gestellt, was eigentlich eine gute Mensch-Hund-Beziehung ausmacht und wie man einen guten von einem schlechten Hundehalter unterscheiden kann. Und da bis dato keine wissenschaftlichen Untersuchungen zu diesem Thema vorlagen, habe ich an der Universität Bonn ein Forschungsprojekt zu diesem Thema begonnen. In Bonn gab es durch Herrn Professor Bergler bereits eine langjährige Tradition, die Mensch-Tier-Psychologie intensiv zu erforschen. Meine Untersuchungen haben dann die schon vorliegenden Studien um ganz neue Erkenntnisse ergänzt.

Wenn Sie für Otto-Normalverbraucher mal kurz zusammenfassen: Was sind die wichtigsten Ergebnisse?

In unserem Forschungsprojekt haben wir herausgefunden, dass ausschließlich die Einstellungen und Verhaltensweisen von Hundehaltern darüber entscheiden, ob sich eine gute oder eine weniger gute Mensch-Hund-Beziehung entwickelt. Hundehalter, die sich wenig Gedanken über die Beziehung zu ihrem Hund machen – und das beginnt schon im Vorfeld der Anschaffung –, die sich sowohl anderen Menschen als auch Tieren gegenüber egoistisch und verantwortungslos verhalten, werden es schwer haben, eine gute Beziehung zu ihrem Heimtier aufzubauen. Genauso aber auch Menschen, die ihren Hund mit Erwartungen überfrachten, als Kind- oder Partnerersatz missbrauchen und übertrieben glorifizieren. Neben den Anschaffungsmotiven und den

Kinderersatz oder Sportmaschine? Menschen überfordern manchmal ihre Hunde

Einstellungen des Halters spielen natürlich auch der alltägliche Umgang mit dem Hund und die Erziehung eine große Rolle. Völlig unwichtig ist wiederum die Halter-Demographie, das heißt, ob der Halter beispielsweise auf dem Land oder in der Stadt wohnt, ob er einen Garten hat oder in einer kleinen Mietwohnung lebt, ob er berufstätig, männlich oder weiblich ist. Ob Menschen und Hunde harmonisch und konfliktfrei zusammenleben und tatsächlich gut zueinanderpassen, liegt unserem Forschungsprojekt zufolge einzig in der Verantwortung der Hundebesitzer.

Wie unsere Ergebnisse zeigen, hat sich jedoch knapp ein Viertel aller Hundehalter, das heißt über eine Million der Hundebesitzer in Deutschland, unzureichend mit der Spezies Hund und ihren arteigenen Bedürfnissen auseinandergesetzt.

Sie haben ja verschiedene Typen von Hundehaltern ausgemacht. Was versteckt sich hinter so einer Typologie? Oder anders gefragt: Aus welcher Motivation wollen Menschen Hunde heute halten?

Menschen unterscheiden sich darin, warum sie Hunde halten. Den Hundehal-

ter gibt es nicht, ebenso wenig gleiche Motive, warum man sich einen Hund anschafft. So vielfältig wie die unterschiedlichen Hunderassen und deren Unterschiede in Größe, Aussehen und rassespezifischen Bedürfnissen, so verschieden sind inzwischen auch die Funktionen und die Beweggründe der Halter, sich einen Hund anzuschaffen. Hunde haben heute meistens ganz unterschiedliche Funktionen. Menschen überfordern manchmal ihre Hunde, vom Kindersatz und Sportobjekt bis hin zur lebenden Alarmanlage, da gibt es die unterschiedlichsten Spielarten. Auch wenn Hunde oftmals in der Lage sind, die vielseitigen Ansprüche ihrer Besitzer zu erfüllen, wird so mancher Vierbeiner mit unerfüllbaren Erwartungen konfrontiert: „Sei gleichzeitig Wachhund, wenn es drauf ankommt, freue dich aber über jeden erwünschten Besucher". Das führt in der Konsequenz nicht selten zu Problemen in der Mensch-Hund-Beziehung. Wir haben drei unterschiedliche Halter-Typen ermittelt, die sich grundlegend in ihren Anschaffungsmotiven, ihrem Lebensstil und ihrem Beziehungsverhalten unterscheiden. Das sind der „prestigeorientierte, vermenschlichende Hundehalter" (22 Prozent aller Hundehalter), der „auf den Hund fixierte, emotional gebundene Hundehalter" (35 Prozent) und der „naturverbundene, soziale Hundehalter" (43 Prozent). Wie unsere Studien zeigen, passt es am besten, wenn Menschen Erwartungen an ihre Hunde stellen, die gut mit den Bedürfnissen von Hunden harmonieren. Ihre Naturverbundenheit ausleben, viel draußen unterwegs sind, sich aktiv mit dem Hund beschäftigen und so einen „tierischen" Partner gewinnen, der sie begleitet. Das sind beispielsweise Motive zur Hundehaltung, die sich mit den artspezifischen Bedürfnissen von Hunden gut vereinbaren lassen. Wird der Hund mit Ansprüchen konfrontiert, die sich nicht mit seinen eigenen Bedürfnissen und arttypischen Verhaltensweisen vereinbaren lassen, ist ein negativer Einfluss auf die Mensch-Hund-Beziehung unvermeidbar. Verhaltensprobleme beim Hund sind häufig die Folge nicht hundgerechter Forderungen seines Menschen.

Ist Ihre Studie auch ein Plädoyer dafür, sich genauer Gedanken darüber zu machen, ob und welche Hunde angeschafft werden?

Die Reflektion im Vorfeld entscheidet ganz maßgeblich darüber, ob Mensch und Hund später zusammen passen. Wie unsere Studien zeigen, ist für viele Menschen das Aussehen des Hundes ein ganz entscheidendes Auswahlkriterium. Hunde, die jedoch nur aufgrund ihres Aussehens und unabhängig von ihren rassespezifischen Bedürfnissen ausgewählt werden, werden meist nicht artgerecht gehalten und oftmals unter- oder überfordert. Diejenigen, die eine gute Mensch-Hund-Beziehung aufbauen, haben sich selbst zuvor genau geprüft und sich auch mit den verschiedenen Rassemerkmalen auseinander gesetzt. Spontankäufe sind absolut zu vermeiden. Schließlich lebt man mit einem Vierbeiner die nächsten 15 Jahre zusammen. Schon bei der Auswahl des passenden Hundes suchen verantwortungsbewusste Hundehalter nach einem Hund, der von seinem Bewegungsdrang gut zu ihrer eigenen Konstitution passt. Ein guter

Hundehalter, der sportlich sehr aktiv ist und mit seinem Hund wandern oder joggen gehen will, sucht sich entsprechend einen lauffreudigen, jungen und gesunden Hund aus. Ein guter Hundehalter, der weniger aktiv und eher unsportlich ist, wählt einen Hund aus, der aufgrund seiner rassebedingten Anlagen ebenfalls weniger Auslastung braucht oder aufgrund gesundheitlicher Einschränkungen nicht mehr extrem belastbar ist. Bereits vor der Anschaffung eines Hundes zeigen sich deutliche Unterschiede im Verhalten der zukünftigen Hundehalter. Die einen machen sich im Vorfeld wenig Gedanken über ein Leben mit Hund. Andere überlegen, ob sie die Verantwortung für einen Hund tatsächlich langfristig übernehmen wollen. Sie kaufen einen Hund auch nicht irgendwo, sondern recherchieren, welcher Hund beziehungsweise welche Hunderasse am besten zu ihren Ansprüchen und Vorstellungen passt und überprüfen den Hundezüchter oder Tiervermittler, bevor sie einen Hund erwerben.

Sie stellen Ihr Wissen ganz praktisch zur Verfügung. Das Ergebnis ist Ihr Mensch-Hund-Beziehungscheck. Was wird da gecheckt und wie hilft mir der Test?

Wissenschaftliche Erkenntnisse sind dann gut, wenn sie sich auch in der Praxis anwenden lassen. Wir haben in der Forschungsstudie über 40 Faktoren bei Hundehaltern ermittelt, welche die Beziehungsqualität beeinflussen. Im Mensch-Hund-Check (www.mensch-hund-check.com) kann jeder interessierte Hundehalter testen, wie er sich im Vergleich zu den Hundehaltern verhält, die in unserer Untersuchung eine nachweislich gute Mensch-Hund-Beziehung aufgebaut haben. So kann jeder Teilnehmer erfahren, was in seiner Mensch-Hund-Beziehung bereits gut läuft und in welchen Bereichen möglicherweise Optimierungspotenziale bestehen.

Dr. Silke Wechsung forscht über die Mensch-Hund-Beziehungen

Literaturtipp

„Die Psychologie der Mensch-Hund-Beziehung – Dreamteam oder purer Egoismus?" von Silke Wechsung, Cadmos Verlag, www.cadmos.de. Auf 144 Seiten werden Themen wie die Mensch-Hund-Beziehung im zeitlichen Wandel, Erkenntnisse aus der psychologischen Beziehungsforschung, aber auch der aktuelle Forschungsstand zur Mensch-Hund-Beziehung sowie die Ergebnisse des Forschungsprojekts dargestellt.

Das etwas andere Tierheim

Gelebte Tierliebe mit sozialen Anknüpfpunkten

„Man muss sich in Erinnerung rufen: wir leben von Spenden", sagt Sylvia Hemmerling. Wie ihre Kolleginnen betreut die für die Öffentlichkeitsarbeit zuständige Mitarbeiterin des Dellbrücker Tierheim einen Stand beim ersten Frühlingsflohmarkt im Tierheim. Der befindet sich direkt vor dem ehemaligen Jagdhaus, einem denkmalgeschützten Fachwerkhaus mit Spitzgiebeln. „Früher war das hier ein beliebtes Tanzlokal", erzählt sie und deutet auf den inzwischen aufgestockten Flachbau, in dem die Verwaltung und das Katzenhaus untergebracht sind. Seit 1968 ist das ehemals der Arbeiterwohlfahrt gehörende Areal in Besitz des Trägervereins, Bund gegen Missbrauch der Tiere e.V. (bmt). Der Besucherstrom ist trotz der kalten Witterung erstaunlich, denn viele nutzen die Gelegenheit, entlang der Zwinger zu schlendern und die vierbeinigen Heiminsassen einmal näher zu betrachten. Und diese wiederum quittieren den ungewohnten Andrang entweder mit Gebell, mit herzzerreißendem Gejaule oder tieftraurigen Blicken.

Etwa 130 Hunde und knapp 60 Katzen sowie diverse Kleintiere werden von 24 Mitarbeitern mit Unterstützung von etwa 50 Ehrenamtlern im 24-Stunden-Dienst betreut. Zu den Heimbewohnern zählen auch Hunde aus Rumänien und Ungarn, die von den dort ansässigen, vom Trägerverein betriebenen Stationen, übernommen werden. „Diese Hunde sind in der Regel sozialverträglicher, als die Abgabehunde, die teilweise aus schlimmen Verhältnissen stammen und daher schwierig sind", erzählt Karin Stumpf, Vorstandsmitglied beim Trägerverein. Der hat seinen Hauptsitz in München.

Dellbrück ist mit vier Hundehäusern, zwei Katzenhäusern, einer großen Kleinnagerabteilung, drei großen und dreizehn kleinere Auslaufflächen für die Hunde auf 7000 Quadratmeter das größte von acht Tierheimen, die der bmt bundesweit betreibt. Außerdem zählt es zu den größten in Nordrhein-Westfalen und ist ein wahres Musterheim. Nicht nur, dass die Hun-

Mit Flohmärkten, Sommerfesten und Aktionen wie dem Laternenlauf sorgt das Tierheim Dellbrück für regen Publlikumsverkehr.

de dort allmorgens beim Säubern in den Freilauf kommen, sie werden auch täglich alle Gassi geführt, wie Stumpf erzählt. „Wenn mal nicht genug Ehrenamtler da sind, gehen die Mitarbeiter auch selbst mit den schwierigsten Tieren (Gassi)?". Dazu gehört auch Bernd Schinzel, der Leiter des Heims, der gerade mit zwei großen Hunden an uns vorbei Richtung Ausgang läuft.

Stumpf steht an einem Stand und wartet geduldig auf Kunden für. Die Tassen, Teller, Gläser, Lampen, Bilder, und selbst Parfüms und originalverpackte Flaschen mit Melissengeist wechseln hier ihren Besitzer. Die Sachen stammen aus Haushaltsauflösungen. „Manchmal werden wir als Erben eingesetzt und müssen dann die Wohnungen ausräumen", erzählt Hemmerling. So kommen im Laufe der Zeit viele recht gut erhaltene Dinge zusammen. Und die finden gegen einen selbst wählbaren Spendenbetrag schnell einen Käufer finden.

Das Geld komme zu einhundert Prozent den Tieren zugute und Hemmerling verweist darauf, dass das Tierheim nur von Mitgliedsbeiträgen, Patenschaften, Spenden und Erbschaften lebt. Die Schutzgebühr für die Tiere (Rüden kosten 250 Euro, Hündinnen 300 Euro) decke nur gerade anteilig die Kosten für Tierarzt und Futter. „Wenn es gut läuft, machen wir den Flohmarkt monatlich", sagt Hemmerling und zeigt sich optimistisch, dass dies wohl so sein wird. Am Ende des Tages sind jeden-

Das lange Warten auf ein neues Herrchen oder Frauchen.

falls nicht nur viele Sachen verkauft, sondern es hat sogar ein Hund ein neues Zuhause gefunden und zieht schwanzwedelnd mit Herrchen und Frauchen von dannen.

Sankt Martinszug für Vierbeiner

Der Flohmarkt ist nicht die einzige Aktion, die das Tierheim im Laufe des Jahres veranstaltet. Außer einer zweitätigen Veranstaltung (Offene Haus) im Juli, die laut Hemmerling mit vielen Zelten fast schon Volksfestdimension hat, gibt es noch einen Adventsbasar und eine Beteiligung des Tierheims auf dem Weihnachtsmarkt am Dom. Der Höhepunkt des Jahres und einmalig in Köln, ist jedoch der Laternenlauf, der zu Sankt Martin stattfindet und vor etwa sieben Jahren als ganz kleine Veranstaltung startete. „Es werden in jedem Jahr mehr Teilnehmer", erzählt Hemmerling von den 300 Hunden und Menschen, die 2012 dabei waren.

Gegen eine Gebühr von acht Euro gibt es nach dem Treffen im Tierheim zunächst einen Glühwein und einen Weckmann. Gleichzeitig werden Laternen verteilt und die Hunde erhalten ein Blinklicht. Dann geht es eine Stunde durch den Wald. Nicht nur diese Veranstaltung ist für die Kinder ein Erlebnis. Regelmäßig treffen sich im ehemaligen Jagdhaus Kindertierschutzgruppen unter Leitung von Heike Bergmann, die wiederum mit der Lehrerin Regina Kowalzick, die die Jugendorganisation Schüler für Tiere e.V. (www.schuler-fuer-tiere.de) gegründet hat, eng zusammenarbeitet. Kinder lernen in diesen Gruppen Achtsamkeit, Respekt und Mitgefühl für Mensch und Tier und entwickeln somit nicht nur soziale Kompetenzen sondern auch ein gewaltfreies Zusammenleben. Aktionen in Köln, wie die am 27. April, dem Internationalen Tag gegen Tierversuche, wo der Wallraffplatz im Rahmen der Aktion Ärzte gegen Tierversuche, in ein großes Tierschutzlabor verwandelt wird, komplettieren den Tierschutzgedanken des Vereins.

Im Tierheim Dellbrück wurde ebenfalls die TV-Serie „Ein Heim für alle Felle" gedreht, die aufgrund der hohen Einschaltquoten über mehrere Jahre über alle Sender ausgestrahlt wurde.

Selbst der Dellbrücker Tierheimleiter, Bernd Schinzel, geht regelmäßig Gassi mit den Hunden.

Bund gegen Missbrauch der Tiere e.V.

Der Verein besteht seit 1952 und hat bundesweit 15.000 Mitglieder. Er gehört zu den größten und ältesten Tierschutzorganisationen in Deutschland. Außer in Köln-Dellbrück betreibt er Tierheime in Hage, Hamburg, Stuhr, Göttingen, Kassel, Reichelsheim und Pfullingen und hat darüber hinaus Geschäftsstellen in Berlin, Issum und München sowie ein Tierheim in Brasov (Rumänien) und Pecs (Ungarn). Zusätzlich betreut der Verein rund 200 Gnadenbrottiere in ausgewählten Pflegestellen und auf Gnadenbrothöfen.

Mit diversen Kampagnen kämpft der bmt gegen Kaninchen- und Gänsemast, gegen Legebatterien, den Bärenzwinger in Berlin und gegen „Wühltischwelpen".

Tierheim Köln-Dellbrück
Iddelsfelder Hardt
51069 Köln
Tel.: 02 21/684 926
Fax: 02 21/681 848
Mail: tierheim-dellbrueck@gmx.de
Web: www.tierheim-dellbrueck.de

Öffnungszeiten:
Mo, Mi, Do, Fr 15 - 17 Uhr, Sa 14 - 17 Uhr
Di, So und Feiertags geschlossen

Konrad-Adenauer-Tierheim in Zollstock

Das Tierheim befindet sich in Trägerschaft des 425 Mitglieder starken Kölner Tierschutzvereins, der eigentlich eine Korpation, eine Organisation aus der Kaiserzeit, ist. Der Troisdorfer Tierschutzverein ist aus dem Kölner im Jahr 1932 ausgegliedert worden.

Ehemalige, ehrenamtliche Mitarbeiter, Futterspender und Tier-Interessenten äußerten sich kritisch über das Zollstocker Tierheim. Es wurden Vorwürfe laut, dass es an Wertschätzung für Mensch und Tier mangele, nicht alle Hunde jeden Tag raus kämen und Fundtiere auch schon mal abgewiesen würden.* Verein und Tierheim sollen sich aber derzeit in einer Umstrukturierung befinden.

Konrad Adenauer Tierheim in Köln-Zollstock
Vorgebirgstrasse 76
50969 Köln
Tel.: 02 21/381 858
Fax: 02 21/348 11 98
E-Mail: info@tierheim-koeln-zollstock.de
Web: www.tierheim-koeln-zollstock.de

Öffnungszeiten:
Mo. bis Fr. von 14 bis 17 Uhr, Sa. von 10 bis 13 Uhr, So. und feiertags geschlossen

Wie aus Freddy Fredo wurde

Vom Straßenköter zum Atelierhund

In einem Bild verewigt hat die Künstlerin Leoni A Jäkel ihren Fredo.

Freudiges Hundegebell schallt jedem entgegen, der an der Tür zum Atelier der Rodenkirchener Künstlerin Leoni A. Jäkel schellt. Ein goldfarbener Hundekopf schiebt sich sogleich beim Öffnen durch die Tür. Mit freundlichem Schwanzwedeln wird der Besucher begrüßt. Sieben Jahre schon lebt Fredo ein glückliches Hundeleben bei der Künstlerin. Dabei hatte sein Leben gar nicht so glücklich angefangen.

„Fredo wurde im Alter von vier Wochen auf einem griechischen Friedhof gefunden", erzählt Jäkel, die in jedem Jahr einige Monate in ihrem Haus auf dem Peleponnes verbringt. Freunde von ihr, eine deutsch/griechische Familie, hatten den halbtoten Welpen aufgefunden und mit nach Hause genommen. Sie päppelten den kleinen, einen Mischling aus einer Bracke und einem Labrador, wieder auf und wollten ihn zunächst behalten. Da es aber schon zwei weitere Hun-

Fredo steht gerne Modell bei seinem Frauchen.

de auf dem landwirtschaftlichen Hof gab, boten sie das Tier, als es ein halbes Jahr alt war, der Künstlerin an. Die wollte ihn aber auf keinen Fall nehmen, wie sie erzählt. Schließlich war erst drei Tage zuvor ihre 19-jährige Hündin, ein Labrador-Beagle-Mix, verstorben.

„Ich habe so schrecklich getrauert, dass ich unmöglich einen neuen Hund nehmen konnte", erzählt Jäkel. Sie erklärte sich allerdings bereit, in Deutschland jemanden zu suchen, der das Tier nehmen würde, da es in Griechenland sehr schwierig war. Schließlich wurde sie fündig und vereinbarte, den Hund mit aus Griechenland zu bringen. Sie fuhr mit Freddy zurück nach Deutschland, um ihn wie vereinbart abzugeben. „Aber da hatte ich mich schon in ihn verliebt", gesteht die Hundemutter ein. Trotzdem brachte sie den Hund in sein neues Zuhause, nicht aber, ohne zu vereinbaren, dass sich die neuen Besitzer melden sollten, falls es Probleme gebe. Zwei qualvolle Wochen später kam endlich der erlösende Anruf, wie sie erzählt. „Die Leute hatten auch Katzen und damit vertrug sich Freddy nicht", berichtet sie und wie sie ihn überglücklich wieder in ihre Arme schließen konnte.

Freddy, den sie als erstes in Fredo umtaufte – „er hört auf beides" – hatte allerdings keine besondere Erziehung genossen und so folgte erst einmal ein Jahr Hundschule. Heute ist er Jäkels Ein und Alles. „Der Hund ist für mich die Verbindung zur Natur", erzählt sie. Die vielen Spaziergänge inspirieren die Künstlerin. Ganz klar, dass Fredo auch auf der Leinwand verewigt wurde.

Mehr Infos

www.leoni-art.de

Sind gezüchtete Hunde die Besseren?
Oder – alles für den Tierschutz

Wer einen Rassehund haben möchte, hat kaum die Wahl – es sei denn, er hat den Zufall auf seiner Seite und findet seinen Wunschhund im Tierheim. Ebenso unwahrscheinlich ist es, genau dieses Tier aus einer Hobbyzucht ohne Papiere zu ergattern, zumindest wenn man ein verantwortungsvoller Mensch ist und den Kauf von „Wühltischwelpen" rigoros ausschließen möchte. So wendet man sich eben an einen Züchter. Aber die haben ja total überzogene Preise. Das denken zumindest viele. Auf einige mag dies auch zutreffen, wenn man aber erfährt, dass diese Preise zum Teil dem Tierschutz geschuldet sind, sieht es schon anders aus.

Die verspielte Ayla stammt aus einer Arbeitslinie.

Ein Gespräch mit Züchter Joachim Gosch bringt ein wenig Licht in den undurchsichtigen Preisdschungel. Im Kölner Stadtteil Nippes züchtet er Labradore mit seiner Hündin Chelsea vom Schmiehtal, wie Ayla richtig heißt. So erfährt man, dass die Vorschriften, die jeder Züchter erfüllen muss, um Papiere ausstellen zu dürfen, der Zuchtverband - wie etwa in diesem Fall der Labrador Club Deutschland - regelt. Und die dienen in erster Linie dem Tierschutz. Das fängt damit an, dass die Hündin in zwei Jahren nur zwei Würfe haben darf und dass erst ab dem zweiten bis maximal dem achten Lebensjahr, wie Gosch erzählt. Zuvor wird sie vom Verband jedoch auf Herz und Nieren geprüft. Ihr Gesundheitszustand wird dabei ebenso begutachtet, wie ihr Gebiss, ihre Augen und ihr Skelett. Denn das sind unter anderem die Schwachstellen bei Labradoren.

Wird der Hündin bescheinigt, dass sie rundherum gesund ist und keine Fehlstellungen oder –entwicklungen aufweist, wird sie zur Zucht zugelassen. „Ich halte das für sinnvoll, den Leuten sagen zu können, dass wir alles gemacht haben, um gesunde Welpen zu produzieren", erzählt Gosch und von den rund 2000 Euro, die der gesamte Spaß kostet. Bevor der Verband jedoch die Zucht genehmigt, wird zusätzlich überprüft, ob Ayla auch genug Platz, Licht und Auslauf in ihrem Zuhause hat.

Ayla als fürsorgliche Hundemutter.

Eine wählerische Hundedame

Vom Zuchtverband erhält Gosch auch die Listen mit Rüden, aus denen er sich die passenden auswählen kann. Ob die aber auch Ayla passen, ist eine andere Geschichte. Das erfuhr der angehende Züchter beim ersten misslungenen Versuch, seine Hündin decken zu lassen. Dafür fuhr er schlappe 500 Kilometer umsonst. Denn Ayla und ihr vom Herrchen Auserwählter konnten sich nicht leiden. Das war es dann mit dem ersten Wurf. Im vergangenen Jahr jedoch klappte es und Ayla brachte sechs gesunde Welpen zur Welt.

Bevor diese im Alter von acht Wochen verkauft werden dürfen, sind sie selbstverständlich alle untersucht, entwurmt, gechipt und geimpft. „Der erste Wurf hat rund 6000 Euro gebracht, so dass wir Plus/Minus Null herausgekommen sind", erzählt Gosch von der vielen Arbeit und den Kosten, mit denen Züchter rechnen müssen. Für 950 Euro hat er die Welpen verkauft. Diesen Preis hielten er und sein Partner Karl Schever für angemessen. Allerdings kennt er auch Züchter, die deutlich höhere Preise nehmen, was er für überzogen hält. „Manche gehen ja auch auf Ausstellungen", räumt er ein.

Welpen, die nicht den Standards entsprechen, gibt Gosch einfach etwas billiger ab. Das waren in seinem Fall Welpen mit weißen Haaren im - wie bei Ayla - makellos schwarzen Fell. Gesunde Welpen einschläfern würde er indes niemals. Denn auch das gibt es. Einzig starke Missbildungen seien ein Grund für ihn, der sich auch im Nachhinein noch um das Wohlergehen der Welpen kümmert. So steht in seinen Kaufverträgen, dass die Welpen nicht ohne seine Zustimmung weitergegeben werden dürfen. Stattdessen enthält der Vertrag eine Rücknahmegarantie. „Zur Not holen wir den Hund auch selbst wieder ab", erzählt Gosch, der sich beim Verkauf vergewissert, dass die Tiere ein schönes Zuhause finden.

Haus und Garten sind für ihn indes kein Kriterium, wohl jedoch genügend Auslauf. „Manche fordern das, aber das halte ich für übertrieben", sagt er, der seiner Hündin auch ein glückliches Leben in der Stadtwohnung mit kleinem Garten bietet.

Die nächsten werden ausgebildet

In diesem Jahr soll Ayla, die sich beim ersten Wurf als liebevolle Mutter erwiesen hat, wieder Junge kriegen. „Eines soll zum Blindenhund ausbildet werden, ein anderes zum Warnhund für Diabetiker", erzählt der Hundevater, dass sich Aylas Welpen dafür besonders gut eignen, da sie nicht aus einer Jagd- oder Showlinie, sondern einer Arbeitslinie stammen. Das beinhaltet, dass sie zwar ein ruhiges Wesen hat, aber nicht faul ist, wie Gosch sagt. Die beiden Welpen seien schon bestellt und würden als Erstes ausgesucht, erzählt er von diversen Anfragen, die er schon hat. Jetzt gilt es nur noch, bis zur nächsten Läufigkeit zu warten und den passenden Rüden zu finden. Gosch gibt sich optimistisch, nicht wieder weite Strecken umsonst dafür zurücklegen zu müssen. Künstliche Befruchtung mit tiefgefrorenem Sperma würde das verhindern, aber das lehnt der tierliebe Züchter ab.

Mehr Infos

Joachim Gosch
Mitglied im LCD
Labradorzucht „Auf Sechzigmorgen"
Hartwichstr. 30
50733 Köln
Tel. 02 21/131 364
Web: labrador-koeln.jimdo.com

Verband für das Deutsche Hundewesen

www.vdh.de

Mit seiner Hündin Ayla züchtet Joachim Gosch die Labradorlinie „Auf Sechzigmorgen".

„Billig will ich" – aber nicht bei Hunden

Warum niemand in Köln Wühltischwelpen kaufen sollte

„Knuddelalarm – Chihuahua Babys sind endlich da" So verkündet ein „Hobbyzüchter" in einer Internetanzeige den Wurf der Hundemama. Zuckersüß, kerngesund und aus guten Verhältnissen. Das Beste an der Sache ist jedoch: Die Welpen kosten nur 150 Euro. Ein wahres Schnäppchen! Die Anschaffung eines Welpen beginnt heute für viele Menschen mit einer solchen Online-Anzeige. Diverse Internetportale, aber auch Tageszeitungen, wimmeln von diesen Inseraten. Aber wer da zugreift macht sich unter Umständen schuldig am Tierleid.

Die „Billig, will ich"-Mentalität ist hier, wie bei vielen anderen Dingen, absolut fehl am Platz. Wer bei Tieren nur auf den Preis schaut, sollte sich lieber ein Stofftier anschaffen. Denn Tierquälerei ist verboten und nichts anderes steckt oftmals hinter solchen „Schnäppchen". Ganz oft sind es Hundehändler, die mit dem Tierleid versuchen, Reibach zu machen. Viele der unter den schlimmsten Umständen geborenen und transportierten Welpen sind todkrank, psychisch gestört und sozialunverträglich. Sie wurden viel zu früh von der Mutter, die als lebende Gebärmaschine dient, entfernt.

Viele stammen aus Ost- und Südosteuropa und gelangen – manchmal auch über die seit 2012 zwar offiziell verbotenen, aber immer noch existierenden – Tiermärkte in Belgien und den Niederlanden nach Deutschland. Die angeblich geimpften Hunde haben in Wirklichkeit noch nie einen Tierarzt gesehen, Papiere und Impfausweis sind, falls überhaupt vorhanden, gefälscht.

Erst im Juli 2013 entdeckten fränkische Polizeibeamte bei einer Routinekontrolle auf der A70 bei Schweinfurt 78 Hundewelpen. Die Reise der etwa vier bis acht Wochen alten Welpen unterschiedlichster Rassen, die sich in Gitterboxen und einem Karton drängelten, sollte nach Belgien gehen. Der 55-jährige Fahrer des Wagens hatte keine Genehmigung zum Tiertransport, von der Einhaltung geltender Tierschutzbestimmungen und den hygienischen Zuständen in seinem Kofferraum ganz zu schweigen. Er wurde vorläufig festgenommen, die Welpen kamen ins Tierheim.

„Viele kaufen die Tiere aus Mitleid", kritisiert eine Vertreterin der Aktion Fair Play, die sich wie viele andere gegen den ille-

So niedlich kleine Hunde auch sind, man sollte immer nach ihrer Herkunft fragen.

galen Welpenhandel einsetzt. Denn damit unterstützt der Käufer die mitleidlosen Hundehändler, die sich auch nicht davor scheuen, die Welpen direkt aus dem Kofferraum zu verkaufen. Dabei widerspricht allein der Transport der Tiere jeglicher Tierschutzauflage. Einziges Ziel der perfekt organisierten Händler ist es, mit einer Masse an niedlichen Rassewelpen Geld zu machen.

Wie unterscheidet man seriös von unseriös?

Der Preis ist natürlich nicht das einzige Kriterium, an dem man einen seriösen oder einen Hobbyzüchter von einem Hundehändler unterscheiden kann. Allerdings betragen die Futter- und Tierarztkosten normalerweise schon ein- oder mehrere Hundert Euro. Das heißt, ein niedriger Verkaufspreis spricht schon für geringe „Produktionskosten". Allerdings haben einige Hundehändler aus diesem Grund inzwischen auch die Preise erhöht.

Der vermeintliche Service, dass der Züchter dem Käufer die Tiere direkt nach Hause bringt, sollte einen grundsätzlich aufhorchen lassen. Vorsicht ist nämlich immer dann geboten, wenn der Käufer nicht zum Züchter fahren kann, um sich die Welpen und das Muttertier anzuschauen. Insbesondere daran erkennt man ja, ob die Tiere gesund und munter sind und vor allen Dingen, ob sie artgerecht gehalten werden. Auch hier kann zwar der schöne Schein trügen und es handelt sich um eine „Alibi-Hündin", die präsentiert wird, aber die Wahrscheinlichkeit ist doch geringer.

Oftmals helfen bei der Beurteilung auch einfach der gesunde Menschenverstand und das Bauchgefühl. Wenn einem etwas komisch vorkommt, sollte man nachfragen und bei nicht zufriedenstellenden Antworten lieber die Finger von den Tieren lassen. So interessiert sich ein engagierter Züchter beispielsweise auch für den Käufer, weil er möchte, dass die Tiere in gute Hände kommen. Er stellt Fragen und legt einen seriösen Kaufvertrag vor. Seriöse Züchter haben in der Regel nicht mehr als zwei Hunderassen im Angebot und können genaue Auskunft über jeden Welpen hinsichtlich des Charakters geben.

Überdies kann man sich im Zweifel auch an einen der Tierschutzverbände wenden. Wie die Aktion Fair Play engagieren sich auch der bmt (Bund gegen Missbrauch der Tiere), der deutsche Hundezuchtverband VDH (Verband für das Deutsche Hundewesen) und viele andere gegen das schmutzige Geschäft mit den Welpen. 2011 wurde auch die Arbeitsgemeinschaft Welpenhandel gegründet. Sie erforscht aktuell in Kooperation mit Tierärzten, wie hoch der Anteil an kranken Welpen von osteuropäischen Hundehändlern ist und wie gefährlich das letztlich für die Verbreitung von Staupe, Tollwut und Parvovirose in Deutschland ist.

Nichts gespart

Letztendlich hat auch der Käufer der Billigwelpen nichts gespart. Denn aufgrund der diversen Krankheiten der Tiere, übersteigen die Tierarztkosten oft bei weitem den eingesparten Preis – wenn die Welpen überhaupt überleben. Rassewelpen kauft man daher am besten bei einem dem VDH angeschlossenen Züchter. Wenn der Welpe nicht unbedingt Papiere haben muss, kann man ihn auch bei einem Hobbyzüchter erwerben.

So gibt es auch im Kölner Raum Höfe, die Windhunde oder Weimaraner aus Hobbyzucht anbieten. Manchmal ist einem Hundebesitzer einfach nur ein „Malör" passiert und er wollte die Welpen seiner Hündin nicht abtreiben lassen. Auf diese Weise kann man oftmals hübsche Mischlingswelpen erwerben. Dasselbe gilt für die Tierheime oder Organisationen, die Tiere aus dem Ausland vermitteln. Aber auch bei den Auslandsvermittlungen sollte man aufpassen und sich genauestens informieren. Schwarze Schafe gibt es überall, wo es ums Geldverdienen geht.

Die Aktion Fair Play – eine etwas andere Organisation

Die „Aktion Fair Play – EM 2012 ohne Tiermorde" ging aus verschiedenen Gruppen über Facebook hervor. Gruppengründerin ist Sonja Wende. Der Gedanke war, aus möglichst vielen in unterschiedlichen Gruppen engagierten Menschen eine gemeinsame zu machen, um beispielsweise Protest zu koordinieren. Da aber nicht alle Menschen über das Internet erreicht werden können, trägt die deutschlandweit tätige Bürgerinitiative, die sich in eigenständige Stadtgruppen gliedert, das Thema in die Öffentlichkeit.

Die Aktion richtet sich gegen Gräueltaten an Tieren. Ursprünglich ging es um die Forderung eines sofortigen Tötungsstopps der Tiere im Zusammenhang mit der EM in der Ukraine. Fair Play fordert nachhaltige Maßnahmen zur Populationskontrolle von Straßentieren im In- und Ausland sowie verstärkte Kontrollen und Vermittlung von Straßentieren durch Tierschutzvereine. Die Aktion setzt sich aber auch ein gegen Massentierhaltung und Tierversuche ein.

Web: aktion-fair-play.jimdo.com
Web: www.bmt-tierschutz.de
Web: www.vdh.de

Fairdog Award - Tierschützer kämpfen gegen die Rassendiskriminierung
Pitbull, Stafford & Co – besser als ihr Ruf

„Es liegt immer an den Menschen", sagt Monic Iserath. Die für die Öffentlichkeitsarbeit zuständige Webmasterin des Vereins TS Pitbull, Stafford und Co. Köln erzählt beim Frühlingsfest auf dem 5000 Quadratmeter großen Auslaufgelände in Ostheim von den Tieren, die zumeist aufgrund falscher Haltung gefährlich wurden. Deshalb hat sich der im Jahr 2005 gegründete Verein den Hunden der sogenannten gefährlichen Rassen gewidmet. 25 von ihnen leben derzeit in dem benachbarten Bereich in Zwingern.

„Das sind die Ärmsten, der Armen", erzählt Iserath. Diese aus illegaler Haltung stammenden und teilweise schwer misshandelten Tiere sind definitiv gestört. Darum hätten sie in herkömmlichen Tierheimen auch keinerlei Chance auf Vermittlung und würden ihr Dasein auf immer hinter Gittern verbringen. Bei diesem Verein ist das anders. Eine Vermittlungsquote von 80 Prozent beweist, dass das, was die ausschließlich als Ehrenamtler arbeitenden 120 Vereinsmitglieder mit finanzieller Unterstützung durch 160 Paten mit den Hunden anstellen, Früchte trägt.

Dazu gehört die Unterbringung in elf bis 25 Quadratmeter großen Zwingern, entweder alleine oder zu Zweit. Jeweils auf einer Couch können es sich die Tiere gemütlich machen. Dreimal am Tag geht es raus zum Gassigehen. „Manche sind das gar nicht gewöhnt und total überrascht, wenn sie immer wieder rauskommen", erzählt Iserath von den Tieren, die es in ihrem Leben bisher nicht so gut gehabt haben.

Mit viel Geduld und Degility, dem Gegenteil von Agility, nämlich langsamen Übungen, die das Denken anregen, wie die Tierschützerin erklärt, werden aus sozialunverträglichen oder gar menschenfeindlichen Hunden wieder die, wofür die Rasse eigentlich bekannt ist: verschmuste und hoch sensible Begleiter, die ihrem Menschen unbedingt gefallen wollen. Genau diese Eigenschaft macht sie auch so leicht empfänglich – sowohl für positive wie auch für negative Impulse.

Staffords als Familienhunde

„In Amerika sind Staffordshires eigentlich Familienhunde", bestätigt auch Daniel Sonderhoff. Der Filmproduzent, der 28 Jahre für WDR und SAT1 gearbeitet hat, hat den Web-TV-Sender Gassi-TV gegründet. Auf dem Frühlingsfest des Vereins wirbt er dafür zusammen mit Moderatorin Ilona Apitz an seinem Stand.

Monic Iserath setzt sich für Hunde ein, die keiner will.

Mit von der Partie sind auch seine Frau und seine vierjährige Staffordshire-Hündin. Wie er in ihren Besitz kam, erzählt er gerne: Vor einigen Jahren habe auf dem Frühlingsfest des Vereins Pitbull, Stafford & Co. einen Beitrag gedreht und sich dabei in die Hunderasse verliebt. Einzig seine Frau musste noch überzeugt werden, was ganz offensichtlich gelungen ist. Seither setzt sich Sonderhoff gegen die Rassendiskriminierung ein. Dazu verleiht er seit 2010 jährlich einen „Fairdog Award" an Politiker und Behördenvertreter, die sich für die Gleichbehandlung aller Hunderassen einsetzen. Zu den Preisträgern zählte auch schon die Kölner Amtstierärztin Dr. Susanne Lechtenböhner.

Auch die jährlichen Frühlings- und Sommerfeste des Vereins sollen nicht nur die Einnahmen des Vereins sondern auch den Ruf der Tiere verbessern helfen. 700 bis 800 Besucher, darunter viele Familien mit Kindern sowie unzählige Fellnasen sämtlicher Rassen, sind dabei schon ein ansehnliches Ergebnis. „Dass die Hunde friedlich sind, sehen Sie allein an den vielen Besuchern. Es gab nicht eine einzige Beißerei", sagt Iserath.

TS Pitbull, Stafford und Co Köln e.V.

Herkenrathweg 5
51107 Köln (Ostheim)
Tel. 01 77/809 83 45
kontakt@pit-staff.de
www.pit-staff.de

Gassi TV

Aurikelweg 22
50259 Pulheim
Tel. 022 38/540 95 00
E-Mail: info@gassi-tv.de
Web: www.gassi-tv.de

Der ideale Servicehund

Labradoodle bringen die besten Voraussetzungen mit

Viel mehr, als einfach nur ein Mix zwischen Labrador und Königspudel ist der Labradoodle. Das macht ihn auch so beliebt. Verbindet er doch die Freundlichkeit, Anpassungsfähigkeit, Unempfindlichkeit und Menschenbezogenheit der Moderasse Labrador mit der Intelligenz, Neugierde und Arbeitsfreude eines Pudels. Er ist zudem auch für Allergiker geeignet, da er nicht haart. Dies trifft allerdings nicht auf alle Labradoodles zu. Denn die Mischungen sind höchst unterschiedlich und ähneln mal der einen, mal der anderen Rasse mehr. So gibt es rauhaarige und glatthaarige Typen, die aber grundsätzlich weniger haaren, als der Labrador. Kreuzt man Labradoodles untereinander finden sich noch größere Unterschiede, was zu völlig ungleichen Wurfgeschwistern führen kann.

Charakterlich weisen die Tiere jedoch zumeist die gewünschten Eigenschaften auf, was sie insbesondere für ihren Einsatz als Servicehunde prädestiniert. Denn beide Rassen sind ausgesprochen arbeitsfreudig und brauchen unbedingt Beschäftigung. Das war auch der Grund für die Trainerin Wiebke Vormstein aus Reichshof, diese Rasse zu züchten. Nach ihrer Ausbildung zum Trainer für Service-, Blindenführ- und Therapiehunde suchte sie die für das jeweilige Krankheitsbild geeignete Rasse. 2002 entdeckte sie die ersten Labradoodles in einem Hundebuch und begann für ihre Labradorhündin einen geeigneten Pudel zu suchen. Das stellte sich jedoch als schwierig heraus, bis eine Nachbarin, die einen als Rettungshund ausgebildeten Pudel besaß, für ihren behinderten Mann einen Servicehund suchte. So wurde der erste Wurf im Frühjahr geboren.

Alle Hunde wollen beschäftigt sein

„Sie sind leichter und höher, was für Rollstuhlfahrer wichtig ist. Sie stürmen nicht ihrem ganzen Gewicht auf die Behinderten los, sind feinfühliger und feinmotorischer", erzählt Vormstein von den Vorzügen der Labradoodles im Gegensatz zu Labradoren. Hinzu komme, dass sie zwar so intelligent wie Pudel seien, aber nicht so lebhaft, dafür aber sozial abhängig mit einem geringen Schmerzempfinden, beschreibt die Trainerin weitere Vorzüge für die Therapiearbeit.

„Im Training läuft alles über den Jagdinstinkt", erzählt Vormstein von der Apportierfreudigkeit der Rasse. „Wir jagen dann eben Schlüsselbunde oder sonstige Gegenstände", sagt die Servicehunde-Trainerin, die insgesamt sieben Hunde, darunter neben den Labradoodles einen Königspudel und einen Zwergpudel hat. Ihre Labradorhündin, mit der sie einst die Zucht begonnen hatte, ist vor einem Jahr verstorben. Sie züchtet nur bei Bedarf und immer nur im Frühjahr. Dabei weist sie darauf hin, dass besonders diese Rasse, aber eigentlich auch jeder Hund, Beschäftigung braucht. „Es muss ja nicht unbedingt eine Therapiehunde-Ausbildung sein, man kann sich auch andere lustige Dinge für die Hunde ausdenken, beispielsweise Nasenspiele für einen Beagle", rät sie allen Hundebesitzern, sich mit ihren Tieren zu beschäftigen und sie nicht nur spazieren zu führen.

Vierbeinige Azubis

Vom Tag der Geburt bis zum ausgebildeten und eingearbeiteten Servicehund wird das Tier von Wiebke Vormstein begleitet. Nach dem Anforderungsprofil des Behinderten erstellt sie einen genauen Trainingsplan und beginnt damit schon im Welpenalter. Das erfolgt immer nur durch positive Verstärkung. Um eine besonders gute Bindung zwischen Assistenzhund und seinem endgültigen Herrchen oder Frauchen zu bekommen, lernen sich Mensch und Hund schon nach der Welpenauswahl kennen.

Ein Assistenzhund hat die Aufgabe, seine Besitzer im Alltag zu unterstützen und Dinge zu erledigen, zu denen der Mensch aufgrund seiner Behinderung nicht in der Lage ist. Zu den wichtigsten Kommandos gehört es dabei, punktgenau an Etwas zu ziehen oder Etwas mit der Schnauze zu drücken (Schubladen, Türen) oder mit der Pfote betätigen (Lichtschalter). Zu den Assistenzhunden gehören auch Si-

Wiebke Vormstein züchtet Labradoodle und bildet Therapiehunde aus.

gnalhunde, die Gehörlosen oder Schwerhörigen im Alltag helfen. Sie machen sie auf Geräusche wie Wecker, Teekessel, Türklingel aufmerksam oder warnen vor Gefahren wie Fahrradklingel oder Hupen, in dem sie ihr Herrchen mit der Nase anstupsen.

Das tun auch die so genannten Diabetiker-Warnhunde. Sie erkennen am Geruch, wenn Herrchen oder Frauchen in die Gefahr der Unterzuckerung geraten. Dass Hunde auch dazu in der Lage sein können, andere Krankheiten wie etwa Krebs zu erkennen, haben Wissenschaftler herausgefunden. Eine Testgruppe gibt es derzeit in Hamburg.

Mehr Infos

Wiebke Vormstein
Im Homburgsgarten 11
51580 Reichshof-Blasseifen
Tel.: 022 96/991 100
Fax: 022 96/902 29
E-Mail: wiebke@labradoodles-blasseifen.de
Web: www.labradoodles-blasseifen.de

Rasse- oder Mischlingshund?
Wer passt am besten ins Menschenrudel

Wer mit dem Gedanken spielt, sich einen Hund anzuschaffen, steht vor der Frage: Rasse- oder Mischlingshund, großer oder kleiner, schlanker oder kompakter Hund. Gut mit einem Rassehund bedient, ist wer Wert auf bestimmte Merkmale oder Fähigkeiten legt, denn bei ihnen wurden durch Züchtung bewusst manche Eigenschaften hervorgehoben. Bei der Auswahl sollte man aber genau prüfen, was man mit dem Hund machen möchte. Soll er ausgebildet werden, bestimmte Aufgaben übernehmen oder einfach nur ein netter Begleit- und Familienhund sein?.

„Oftmals rufen Leute an und klagen, dass ihr Hund jagt. Ich frage sie dann nach der Rasse und sie sagen: ‚Jagdhund'. Der wurde schließlich dafür gezüchtet", sagt Robert Korff, Hegeringleiter in der Kölner Jägerschaft. Die bietet dann Hilfestellung. Neben der regulären Jagdhundausbildung gibt es dort auch ein Anti-Jagdtraining. Trotzdem könne man bei einem Jagdhund das Jagen niemals ganz verhindern, erklärt Korff.

Hütehunde passen schlecht in Familien

Hütehunde wie Australian Shepard, Border Collie oder Schäferhunde sind eher etwas für erfahrene Hundehalter und keine idealen Familienhunde. „Das sind die schwierigsten Rassen, die es gibt", sagt Madeleine Garzorz. Die Kölner Hundetrainerin, die seit acht Jahren eine Hundeschule (Colonia) betreibt, bietet nicht nur Beratung vor dem Kauf an, sondern weiß, wovon sie spricht. Sie selbst hat drei Border-Collies. „Wenn die in eine normale Familie kommen, die nichts mit ihnen macht, kriegen sie eine Macke", erzählt die Hütehundespezialistin von den Problemen, mit denen die Leute sich oftmals hilfesuchend an sie wenden. Bei diesen hochenergetischen Rassen, wie sie sie nennt, müsse man zunächst an der Ruhe arbeiten.

„Wenn sie schon als Welpen anfangen, Blätter zu hüten, muss man unbedingt gegensteuern", berichtet sie von den hochintelligenten Tieren, die bei Unterbeschäftigung oder unerfahrenen Hundehalter dazu neigen, ein Zwangsverhalten zu entwickeln. Wenn man nicht rechtzeitig gegensteuere, behüteten sie später alles, was sich bewege: Autos, aber auch Kinder oder Kleintiere, weiß Garzorz. Wer denkt, das wäre ja nicht schlimm, weiß nicht, was das bedeutet. Zum Hüten gehört nämlich auch, dass die Hunde versuchen, ihre Schutzbefohlenen durch Zwacken anzutreiben. Was beim Schaf und Rind folgenlos bleibt, endet für ein behütetes Meerschweinchen oder Kaninchen dann schon mal tödlich. Und auch beim Kind kann das zu einer bösen Bissverletzung führen. Insbesondere bei den größeren Australien Shepards wie Gazorz erklärt.

Darum empfiehlt sie Beschäftigung in Form von Hundesportarten wie Longieren, Obidience oder Dogfrisbee. Grundsätzlich rät sie allerdings von Hütehunden als Familienhunden ab. Auch die heute so populären Labradore sind laut ihrer Aussage eher Arbeitshunde. Für Familien empfiehlt die Hundetrainerin Rassen wie Pudel oder Schnauzer.

Madeleine Garzorz ist die Spezialistin für Hütehunde in Köln.

Tierschutzvereine als Alternative

Die einen sind besonders temperamentvoll, die anderen eher ruhig. Bestimmte Rassen gelten als besonders gelehrig und wachsam, andere eher als verspielt oder charmant. Bei Rassehunden kann man sich auf die Eigenschaft ziemlich gut verlassen. Man kauft sie am besten bei einem Züchter oder hat vielleicht das Glück, den Wunschhund im Tierheim zu entdecken. Alexandra Stück vom Hundezentrum Alex hat ihren vierjährigen Belgischen Schäferhund aus dem Tierheim. „Der war ganz schwierig am Anfang", erzählt die Verhaltenstrainerin und von der vielen Geduld, mit dem sie ihn wieder zu einem normalen Hund gemacht hat. Auch sie bietet eine Kaufberatung an. „Leider machen davon jedoch zu wenig Leute Gebrauch", erzählt sie und berichtet von den Schwierigkeiten, die sich daraus im Nachhinein oft ergeben.

Wer keinen Wert auf bestimmte Rasseeigenschaften legt und in erster Linie einen treuen Freund und Kameraden sucht, ist auch mit einem Mischling gut beraten. Mischlingsbesitzer schätzen an ihren Vierbeinern insbesondere deren gesunde Konstitution und Individualität. Allerdings weiß man nie genau, wie sich etwa ein Welpe entwickeln wird. Bei erwachsenen Hunden aber können die Tierschutzorganisationen auch verlässliche Aussagen zum Charakter der von ihnen zu vermittelnden Mischlinge treffen.

BVZ HUNDETRAINER
Berufsverband zertifizierter Hundetrainer e.V.

BVZ-Hundetrainer – der Verband zertifizierter Hundetrainer

Wir kommen aus vielen Richtungen, haben aber ein gemeinsames Ziel: Hunden und ihren Menschen mit unserem fundierten Wissen engagiert und Ziel führend zur Seite zu stehen.

Wer wir sind
Bei uns ist jeder willkommen – solange er/sie die fachliche Kompetenz vor einer der beiden Prüfungskommissionen der Tierärztekammern Schleswig-Holstein oder Niedersachsen erfolgreich nachgewiesen hat. Diese Prüfung ist an keinen Verband und an keine Methode, an keine Meinung und an keine Mode gebunden, sondern besteht einzig und allein auf den Nachweis umfangreichen theoretischen und praktischen Wissens rund um den Hund.

Was wir wollen
Unser Ziel ist es, das Berufsbild des Hundetrainers zu etablieren und dabei sicherzustellen, dass Menschen in diesem anspruchsvollen Beruf die dafür notwendigen fachlichen Voraussetzungen mitbringen.

Wie wir arbeiten
Wir arbeiten fachlich kompetent und zielorientiert. Wir beraten und trainieren individuell – angepasst an den Hund, an den Halter, an das Problem.

FACHLICH KOMPETENT   UNABHÄNGIG   ZIELORIENTIERT   BUNDESWEIT

www.bvz-hundetrainer.de

In Köln gibt es neben den Tierheimen in Dellbrück und dem in Zollstock noch den Tierschutzverein in Porz, der seit 1995 Tiere aus dem Aus- und Inland vermittelt. Die sind bis zur Vermittlung in privaten Pflegestellen untergebracht. Darüber hinaus gibt es auch zahlreiche Gnadenbrottiere. Bei denen handelt es sich größtenteils um alte und kranke Hunde und Katzen, die von ihren Altbesitzern abgeschoben wurden oder deren Besitzer die anfallenden Tierarztkosten nicht finanzieren können. Für diese werden auch immer wieder Tierpaten gesucht. Monatlich trifft sich der Porzer Tierschutzverein jeweils am ersten Samstag um 15 Uhr im Hotel Linden, Bahnhofstr. 39.

Tierschutzbüro Porz

St.-Anno-Straße 18
51147 Köln (Grengel)
Öffnungszeiten:
Tel.: 022 03/29 48 08
E-Mail:
buero@tierschutzverein-koeln-porz.de

Jagdgefährten fürs Leben!
Jagdhunde brauchen besondere Beschäftigung

Irgendwann entwickelt jeder eine Affinität zu bestimmten Hunderassen. Ebenso stellt sich irgendwann jedem Hundehalter die Frage „Engagiere ich mich im Tierschutz, ja oder nein?" Bei den Jagdgefährten e.V. kam beides zusammen: Die Gründer und Mitglieder des Vereins haben ihr Herz an die Jagdhunderassen verloren, sind Jäger, Züchter und ambitionierte Hundeführer, führen selbst einen oder mehrere Hunde und waren alle in unterschiedlichen Zusammenhängen im Tierschutz aktiv. 2011 entschlossen sie sich, die Jagdgefährten e.V. zu gründen und sich ausschließlich der art- und rassegerechten Vermittlung von Jagdhunden und deren Mischlingen zu widmen. Eine besondere Rolle spielte Leopold, eine Dachsbracke aus Ungarn.

Winter 2010 in einer Tötungsstation in Ungarn. Ein unwirklicher Ort, der jeden beschämen muss. Tötungsstationen gibt es fast in ganz Europa. Es gibt sie, weil Menschen ihre Hunde wegwerfen. In der Station ist es kalt. Auf blanken Betonböden stehen winzige Käfige, darin stehen, hocken, liegen, kauern Hunde. Alle Größen, Farben, Rassen, Mischlinge, alte Hunde mit grauen Gesichtern, ausgemergelte Junghunde. Viele Hunde sind krank. Es stinkt. Es ist laut.

Es verschlägt einem den Atem. Über hundert Hunde, deren Leben hier zu Ende ist, denn jeder Käfig trägt eine Nummer und ein Datum. Ab diesem Datum darf getötet werden!

In einer dunklen Ecke saß mit wachen, traurigen Augen eine Dachsbracke. Eine Tierschutzorganisation rettete den damals fünfjährigen Rüden, tauschte Nummer und Datum gegen einen Namen. Leopold kam nach Deutschland in eine Pflegestelle zu einem Jäger, der sich nur „einen netten Hund" wünschte. Dann absolvierte Leopold im neuen Zuhause seine erste Nachsuche und zeigte, wofür er geboren und offensichtlich einmal ausgebildet worden war, bevor ihn jemand im Stich ließ und sein Leben elend enden sollte. Leopold und sein Hundeführer sind dann schnell ein Team geworden, Jagdgefährten fürs Leben eben.

Auch die Geschichte von Tekla geht unter die Haut. Sie war 2012 in einer Tötungsstation. Über die Jagdgefährten e.V. wurde sie nach Deutschland gebracht. Wieder zu einem Jäger, der sich als Pflegestelle angeboten hatte. Auch hier übernahm Tekla das Ruder, überzeugte beim Reviergang durch hervorragende Nasenleistung. , Ihr „Pflegevater" wagte es im April 2013 sie zur Ver-

Fast verhungert - heute glücklich und vermittelt

einssuche beim „1. Allg. Club für Bayrische Gebirgsschweißhunde BGS" anzumelden. Der Wettbewerb wurde in einem Niederwildrevier zwischen acht BGS ausgetragen. Tekla löste die anspruchsvolle Aufgabe mit Bravour und nahm als Suchensiegerin den BGS-Pokal mit nach Hause. Die Augen des Prüfungskomitees waren groß, als sie erfuhren, dass Tekla ein Hund aus der Tötung ist.

Doch Jagdgefährten e.V. vermittelt nicht nur an Jäger, sondern an alle Hundehalter, die willens sind, einem Jagdhund art- und rassegerechte Haltung und Beschäftigung zu geben. Das kann die Jagd sein, aber auch andere „nasenauslastenden Berufe" wie z.B. Dummytraining, Mantrailing oder Flächensuche bei der Rettungshundearbeit. Und auch ein Jagdhund, der mit seinem Besitzer in der Stadt lebt doch täglich mit interessanten Aufgaben, wie z.B. Zughundesport oder Canicross, ausgelastet ist, kann ein glücklicher Jagdhund sein. (Ursula Weidmann)

Jagdgefährten e.V.

Annoweg 2
58675 Hemer
Web: www.jagdgefaehrten.de

Spendenkonto

Jagdgefährten e.V.
Kontonummer 14056386
Sparkasse Lippstadt
BLZ 416 500 01

Die Sache mit den Hunden in Süd-Osteuropa
Der Tierschutzverein Bruno Pet e.V. rettet rumänische Straßenhunde

Am Anfang waren es berufliche Stopps von Karina Handwerker in der rumänischen Provinz, genauer in der 40.000-Seelen-Stadt Miercurea Ciuc, einer Stadt im östlichen Teil der Region Siebenbürgen, mitten im Ciuc-Becken zwischen dem vulkanischen Harghita-Gebirge und dem Ciuc-Gebirge. Zwar ist das nach hiesiger Meinung ziemlich „jwd" und klingt nach einem unberührten, friedlichen Landstrich, aber dort gibt es – wie überall in Rumänien – ein großes Problem mit Straßenhunden. Die rumänische Stiftung „Fundatia Pro Animalia" errichtete dort 2001 zwar ein Tierheim, aber die Auffangstation der Fundatia leidet - wie die meisten „Tierheime" Rumäniens - an extremer Überfüllung, finanzieller Not und einem Mangel an Personal. Tierschutz ist nach europäischen Maßstäben eine heikle Angelegenheit.

Karina Handwerker hatte damals, kurz nach der Jahrtausendwende, von diesen Problemen erfahren. Die Essenerin packte selbst mit an. Zwei Mal transportierte sie privat Hunde aus dem Tierheim nach Deutschland. Das war die Initialzündung, um sich dem Verein Freundeskreis Bruno Pet e. V. anzuschließen. Sie ist heute ein aktives Vorstandsmitglied des Vereins Freundeskreis Bruno Pet e.V. und hat selbst 2 Hunde aus dem Tierheim in Miercurea Ciuc, die sie nicht mehr missen will. Der Verein ist ein Beispiel dafür,

wie Tierschutzinteressierte zu Aktiven werden können und wie im Kleinen große Hilfen gegeben werden können. Der Verein sammelt Spenden, unterstützt das rumänische Tierheim, finanziert vor Ort Mitarbeiter des Tierheims, die sich vor allem um den Aufbau von sinnvollen Strukturen kümmern. Sinnvolle Strukturen aufbauen, so Karina Handwerker, heißt: die Tierarztpraxis des Tierheims bei Kastrationen wie auch Kastrationsaktionen des Tierärztepools (www.tieraerzte-pool.de) zu unterstützen. Das ändert die Lage nicht sofort, ist aber auf eine strukturelle Veränderung angelegt: Wenn sich die Tiere nicht mehr frei vermehren, wird irgendwann die Zahl der Straßenhunde abnehmen und die Notsituation des überfüllten Tierheims aufhören. Durch den Freundeskreis Bruno Pet e.V. werden aber auch Trockenfutter, Impfungen und Medikamente sowie das Markieren der Hunde finanziert.

Neuestes Projekt ist eine eigene Welpenstation, für die der Verein eine Mitarbeiterin finanziert. Die kümmert sich den ganzen Tag um die kleinsten Fellnasen, knuddelt sie auch mal und achtet auf die Ernährung. Mehr Welpen überleben seitdem, was gut ist – gleichzeitig aber auch den Druck vor Ort erhöht. Die Vermittlung der Tiere im In- und Ausland und die Aufklärung über Kastrationsaktionen, auch und vor allem für Hunde in privaten Haushalten in Mircurea

Straßenhunde werden in Rumänien systematisch getötet.

Ciuc, spielt deshalb eine ganz wichtige Rolle. Nur dadurch kann das überfüllte Tierheim dauerhaft entlastet werden.

Die Arbeit des Vereins findet derzeit vor einem dramatischem Hintergrund statt. Seit einiger Zeit herrscht in Rumänien ein kalter Wind im Tierschutz. Straßenhunde werden, aus verschiedenen Anlässen heraus, immer systematischer und grausamer getötet. Für den Tierschutz einzustehen ist da nicht ganz einfach. Eine Hilfsmaßnahme sind die Vermittlungen – auch nach Deutschland. Aber auch hier schlagen sich die Aktiven von Bruno Pet mit Querelen. Wer Tiere, auch Haustiere, in Europa transportieren will, braucht Unmengen an Papieren, das Okay der Veterinärärzte, muss Nachweise erbringen etc. Tierschutz in Europa wird hier zum Hürdenlauf und findet vor kulturell unterschiedlichen Hintergründen statt.

Doch Karina Handwerker und ihre Mitstreiterinnen sind sich einig, dass das Engagement lohnt. Viele hundert Tiere werden durch ihre Unterstützung jährlich kastriert, das Tierheim in „ihrem" Ort hebt sich weit ab von den normalen rumänischen Tierheimen. Karina Handwerker meint: „Tierschutzarbeit in Europa sollte, wie jede andere Arbeit auch, daran gemessen werden, wie wirkungsvoll der geleistete Einsatz ist und wenn wir Europa als eine Gemeinschaft verstehen, dann sollte auch Hilfe und Unterstützung für diejenigen dazugehören, die sich am wenigsten wehren können und als bester Freund des Menschen unsere Hilfe mehr als verdient haben."

Freundeskreis Bruno Pet e.V.

Hessenring 20
64832 Babenhausen
Web: www.freundeskreis-bp.de

Spendenkonto:
Freundeskreis Bruno-Pet
Sparkasse Merzig-Wadern
BLZ: 59351040
Konto: 7105208

Tierheimhelden!
Ein Start-Up vernetzt die Tierheime und hilft bei der Vermittlung

Daniel Medding, einer der Gründer von www.tierheimhelden.de, ist sich sicher: Tiere aus Tierheimen sind alles andere als Vierbeiner 2. Klasse. Für ihn und seine Mitstreiter von www.tierheimhelden.de war klar, dass sie sich eine große Aufgabe vorgenommen hatten. Tiere aus dem Tierheim sollen erste Wahl für Tiersuchende werden. Deshalb vernetzt das soziale und gemeinnützige Projekt Tierheimhelden.de über seine Website bundesweit Tierheime und Tiersuchende und vereinfacht die Tiersuche damit erheblich. So ist die breitgefächerte Suche nach dem Wunschtier anhand detaillierter Eigenschaften genauso möglich wie der virtuelle Rundgang durch die digitalen Profile der Schützlinge in den Partnertierheimen. Tierheimhelden können außerdem durch direkte Spenden, Patenschaften oder einfach das Teilen der Tierprofile im sozialen Web helfen.

Die Tierheimhelden

Tierheimhelden

Daniel Medding
Mobil: 0176/21140756
E-Mail: daniel@tierheimhelden.de
Web: www.tierheimhelden.de

Unterstützen Sie Tierheimhelden durch ein „Gefällt mir" auf der Facebookseite:
www.facebook.com/tierheimhelden

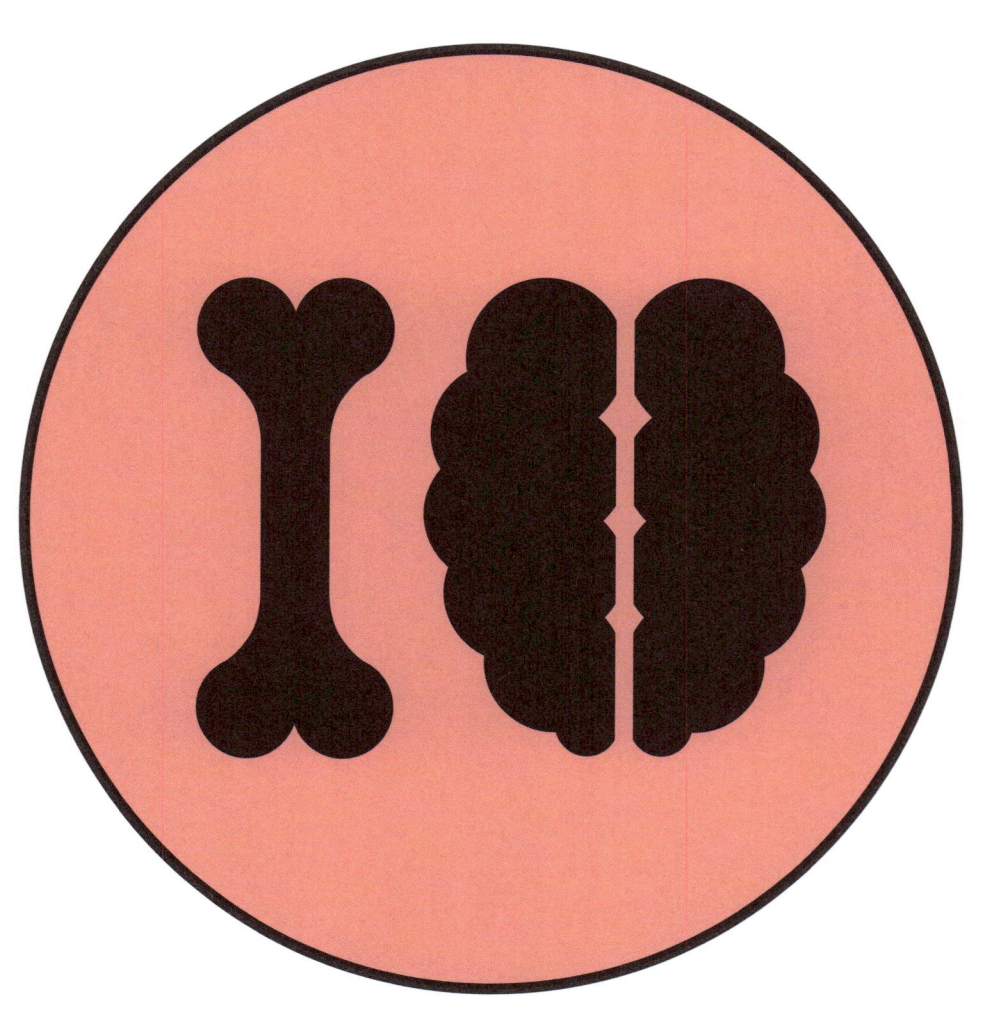

Futter & Philosophie

Viele Hundebesitzer kennen das: Manche Hunde fressen alles, was Ihnen vor die Schnauze kommt, anderen ist nichts gut genug. Wie Menschen sind auch Hunde ganz unterschiedliche Typen. Genauso unterschiedlich ist auch das Futterangebot. Glaubt man der Werbung, fressen Hunde bestimmte Trockenfutter besonders gerne, denn schließlich können sie nicht lesen. Wenn sie es könnten, würden sie sich sicherlich anders entscheiden. Denn wer möchte schon gerne Sägespäne und Knochenmehl verzehren? Den Geschmacksstoffen sei dank, merken sie es aber nicht. Dann doch lieber vegan – oder ist das Tierquälerei? Die Antworten gibt es in diesem Kapitel.

Mein Hund will nicht fressen

Eine Wissenschaft für sich – das richtige Hundefutter

Manche Hunde fressen alles, was ihnen vor die Schnauze kommt, andere fressen nur ein bestimmtes Futter und wieder andere sind mäkelig oder vertragen nicht alles. Dann müssen sich Herrchen und Frauchen Gedanken darüber machen, wie sie ihrem Hund das Futter schmackhaft machen können oder was das Beste für ihn ist. Genau diese Exemplare haben dann auch schon mal die eine oder andere Unternehmensgründung zu verantworten. Die einen beginnen, selbst Hundekuchen zu backen und sie dann zu vertreiben, die anderen eröffnen eine Hundemetzgerei oder vertreiben tiefgekühltes Rohfleisch (BARF).

Letzteres trifft auf Heike und Heiko Ebermann zu. Ihr Labrador wollte einfach nicht fressen. Erst sie als mit der Fütterung von BARF (Biologisch artgerechtes Rohfutter) anfingen, erledigte sich das Futter-Problem, wie sie erzählen. Daraus entwickelte sich schließlich die Firma „Vier Pfoten". In ihrem Einfamilienhaus in Much hat das Ehepaar einen kleinen Shop eingerichtet, wo Leute mit ähnlichen Problemen oder BARF-Anhänger tiefgekühltes Fleisch in Rollen, Hundekekse oder gesunde Trockenprodukte wie etwa Hähnchenhälse, Pansen oder Lunge kaufen können.

Wer sich allerdings ausschließlich für die BARF-Fütterung entscheidet, muss auch eine Flockenmischung zufügen, wie Heike Ebermann sagt. Denn der Hund braucht neben dem im Fleisch enthaltenen Eiweiß auch Kohlenhydrate, Fett und Vitalstoffe aus Pflanzen, wie sie etwa in den Mägen ihrer ursprünglichen Beutetiere vorhanden waren. Ein ausgewachsener Hund mittlerer Größe benötigt etwa 20 bis 25 Prozent Protein und zehn bis 15 Prozent Fett. Diese Zusammensetzung müssen auch diejenigen beachten, die selbst für ihren Hund kochen.

Trocken- oder Feuchtfutter – auf die Inhaltsstoffe kommt es an

Einfacher ist es mit Fertigfutter. Aber auch hier ist einiges zu beachten. Nicht alles, was schön aussieht, ist auch schön. In bunten Farben gemixt, mutet Trockenfutter in rot an wie Rindfleisch, in gelb wie Hühnerfleisch und in grün wie Gemüse. Diese in manchem Trockenfutter enthaltenen Farbstoffe sieht ein Hund jedoch nicht. Sie sind einzig für den Menschen gedacht und nicht nur überflüssig, sondern auch schädlich. Fleisch ist in gekochtem Zustand grau, aber das vergessen viele auch bei ihrer eigenen Ernährung. An der Wursttheke würde schließlich keiner zu einer grauen Wurst greifen. Lieber nimmt man die – den Nitratsalzen sei dank - rote.

Im Trockenfutter kommen zu den Farbstoffen noch Zucker, Geschmacks- und Konservierungsstoffe hinzu, damit die Hunde es auch gerne fressen. Allerdings lagern sich diese in Organen und im Bindegewebe ab und können zu Allergien, Magen-Darm-Erkrankungen oder anderen gesundheitlichen Problemen führen. Das gilt für Mais, Soja und Weizen, die verwendet werden, um tierisches Eiweiß einzusparen. „Ich würde meinem Hund keinen Mais und kein Getreide füttern", sagt Alexandra Stück. Die ausgebildete Tierarzthelferin und Verhaltenstrainerin, die das Hundezentrum Alex betreibt, führt auch Ernährungsberatung durch und erzählt von den Auswirkungen von diesen für Menschen gut verträglichen Pflanzenstoffen für das Tier. „Mais kann der Hund nicht verwerten und führt zu einer Senkung des Serotoninspiegels, dem Glücklichmacher", sagt Stück. Auch Getreide habe eine ähnliche Wirkung und führe zudem noch

Egal ob Trocken- oder Nassfutter, Rohes oder Gekochtes – auf die Zusammensetzung kommt es an.

zu Allergien. Darum sei es wichtig auf die Inhaltsstoffe zu achten. Pflanzliche Nebenprodukte etwa sind oftmals nichts anderes als Sägespäne, tierische Nebenprodukte Hufe, Haut, Haare und auch Schilddrüsenanteile, wie Stück sagt. Letzteres kann wiederum zu Gesundheitsproblemen führen. „Viele Hunde bekommen in Laufe ihres Lebens Nieren- und Leberprobleme, weil sie ihr ganzes Leben lang Müllstoffe fressen", weist die Expertin darauf hin, dass es nur wenige gute Trockenfutter im Fachhandel zu kaufen gibt. Das erkennte man an einem hohen Fleischanteil. Auch hierbei solle man aber auf die feinen Unterschiede achten: „Straußenfleischmehl ist gut, Straußenmehl nicht", erklärt sie, dass in Letzterem das ganze Tier samt Schnabel und Federn verarbeitet sei. Leider gibt es laut ihrer Aussage sogar Futtermittelhersteller, die Tierversuche durchführen und die Tiere nach deren Tod wiederum zu Tierfutter verarbeiten.

Die Gefahr der Unterversorgung

Ob man letztlich besser Nassfutter verfüttert, macht keinen großen Unterschied, vorausgesetzt die Qualität der Inhaltsstoffe stimmt. „Trockenfutter ist grundsätzlich nicht schlechter, als Nassfutter", sagt Dr. Klaus Eckert. Allerdings gebe es eine Einschränkung für Hunde mit Leber- oder Nierenproblemen, erklärt der Tierarzt aus Wahlscheid. Die sollten besser Feuchtfutter erhalten, da darin bis zu 80 Prozent Wasser enthalten sind und die Nieren besser durchspült werden. BARF empfiehlt Eckert indes eher für große Hunderassen, die dem Wolf noch am ähnlichsten sind, wie er sagt. Hier rät der Tierarzt aber, bei Schilddrüsenproblemen aufzupassen. „In rohem Fleisch können auch Teile vom oberen Kehlkopf enthalten sein. So werden unbeabsichtigt auch Schilddrüsenhormone mit verabreicht", erklärt Eckert.

Alexandra Stück findet es indes schwierig, beim BARFEN die richtige Zusammensetzung hinzubekommen. Das Ergebnis eines Mangels an Nährstoffen erlebte sie schon bei einem Hund, der, weil er nur noch das rohe Fleisch fressen wollte und die Flocken- und Gemüsemischung verweigerte,

plötzlich unerklärliche Ängste vor Schatten entwickelte. Daher entscheidet sich die Expertin eher für hochwertiges Fertigfutter. Auch nicht zu stark gewürzte Essensreste wie Kartoffeln, Reis, Gemüse und Fleisch ist laut ihrer Ansicht eine gute und abwechslungsreiche Ergänzung dazu.

Werbung

Hunde-Eis Banane-Rindherz und Erdbeer-Hähnchenleber
Das Hundeschlaraffenland in Braunsfeld

Nichts geht über ein cremiges Eis an warmen Tagen. Das lassen sich nicht nur Menschen gerne schmecken, auch ihre vierbeinigen Begleiter lieben Eis und andere Leckereien. Davon ist jedenfalls Ursula Kleist überzeugt. Seit August 2011 betreibt sie auf der Aachener Straße 427 ihre Hundekonfisserie „Lecker Schnäuzchen". Angefangen von Leber- und Blutwurst über verschiedene Fleischsorten wie Pansen, Euter und Rinderhals, Menüs mit Gemüse, Hundekekse bis hin zu Leberpastetchen oder gar Muffins, Donats und eben Eis gibt es dort alles, was das Hundeherz begehrt. Und das frisch hergestellt aus eigener Produktion, eigenen Rezepten und vom hauseigenen Vorkoster, dem Neufundländer Gandhi, getestet. Mit ihm hat schließlich auch alles angefangen.

Sein Einzug in die Familie Kleist war ausschlaggebend für die Idee zur Eröffnung der Hundekonfisserie. „Mein Hund ist gegen alles möglich allergisch", erzählt Kleist davon, wie sie nach 20 Jahren Mitarbeit in der Metzgerei ihres Mannes in Nippes anfing, Hundekekse zu backen. Dafür verwandte sie nicht Abfälle, sondern gutes Fleisch, das auch in der Metzgerei verarbeitet wird. Sie nutzte die gleichen Räume und bereitete Menüs mit Gemüse für ihren Hund zu. Dabei probierte sie auch Barf (Biologisches Artgerechtes Rohes Futter),

Bei Ursula Kleist – mit Vorkoster Gandhi – gibt es alles, was das Hundeherz begehrt.

also rohes Fleisch mit Gemüse. Zudem stellte sie aus den gleichen Zutaten wie für Menschen Blut- und Leberwürste her. „Der einzige Unterschied ist, dass die Hundewurst keine Gewürze und Zusatzstoffe enthält", erzählt Kleist.

Eine Änderung der Auflagen bewirkte, dass sich die Hundemutter eigene Räume zur Herstellung ihrer artgerechten Hundenahrung suchen musste. In einer ehemaligen Metzgerei, in der zuvor bereits kurzfristig ein Hundeimbiss angesiedelt war, fand sie die passende Lokation. Seither kocht, backt, brät Kleist in der ehemaligen Wurstküche die Leckereien für die Vierbeiner. „Hier gibt es höhere Auflagen, als für Menschen", erzählt und sie erzählt vom Landesumweltamt, für das sie genauestens Buch über die Gradzahl der Herstellung und anderes führen muss und dem sie das Futter einmal jährlich zur Untersuchung schickt. „Es soll ja nichts drin sein, was dem Hund schaden könnte".

Besonders für Allergiker

Ursula Kleist hat sie sich auf allergische Hunde spezialisiert. Wie ihr vierjähriger Neufundländer, neigten viele Allergiker zu Hautproblemen. Gandhi reagiere sogar auf Hausstaub allergisch und habe Heuschnupfen, erzählt die Hundekuchenbäckerin. Als sie ihn bekam, dachte sie zunächst, er habe Flöhe, da er sich andauernd kratzte. Nach diversen Tierarztbesuchen stellte sich heraus, dass der Hund auf verschiedene Fleischsorten allergisch reagiert. „Derzeit verträgt er nur Schweinefleisch", erzählt sie und, dass ihr Hund in den letzten zwei Jahren überwiegend Pferde- und Putenfleisch bekommen, aber dann auch davon Durchfall bekommen habe.

Für ihre Kunden, wie den Bolonka „Karlchen", „eigentlich heißt er Karl von Lilienthal", sagt seine Besitzerin, die sogar von Bad Honnef eigens nach Köln kommt, bietet Kleist sogar Geburtstagstorten aus Leberwurst und Kartoffeln an. „Den Bezug mache ich aus Möhren und die Sahne ersetze ich durch Quark", erzählt die Hundeliebhaberin. Besonders beliebt seien auch die Fleischpuddings und das Eis, das sie – alles nach eigenen Rezepten – in einer Eismaschine mache: „Das ist bei allen Rassen von klein bis groß sehr beliebt", berichtet Kleist von der großen Nachfrage. In ihrer wenigen Freizeit - sie hat nach eigenen Angaben eine 80- bis 90-Stunden-Woche, da sie alles alleine herstellt - näht sie überdies noch Halsbänder, Geschirre und Leinen. „Das mache ich abends, da ich kein Fernsehen gucke", erzählt sie von ihrer Leidenschaft.

Ihre Kunden danken es ihr. Sie kaufen zumeist wöchentlich die Rationen. „Ich packe auch schon mal 14 Päckchen a 50 Gramm für einen kleinen Chihuahua", weist Kleist auf ihren Service hin. Dazu gehört auch die Errechnung des Tagesbedarfs eines Tiers. „Natürlich kommt es darauf an, wie agil der Hund ist, aber im Schnitt kann man sagen, dass der Bedarf bei zwei bis drei Prozent des Körpergewichtes liegt", sagt sie und bedient die Kundin aus Bad Honnef. Die hat gleich für zwei Monate eingekauft und Kleist dafür 200 Portionspäckchen gepackt und eingefroren. „Karlchen kommt immer sehr gerne hierher", sagt seine Besitzerin. Kein Wunder, es gibt großzügige Kostproben von der Hundekuchenbäckerin.

Lecker Schnäuzchen

Aachener Straße 427
50933 Köln
Tel.: 02 21/484 832 48
Mail: mail@leckerschnaeuzchen.de
Web: www.leckerschnaeuzchen.de

Hirsebrei statt Pansenschmaus

Veganismus für Karnivoren

Nach den letzten Gammelfleischskandalen machen sich immer mehr Hundebesitzer Gedanken um die Ernährung ihres Vierbeiners. Wenn für uns schon Produkte zweiter Wahl verwendet werden, wie sieht es dann erst mit dem Fressen unserer Tiere aus? Der radikalste Weg, seine Konsequenzen aus den Lebensmittelskandalen zu ziehen, ist wohl die Umstellung auf eine vegane Ernährung. Bei ihr wird, anders als bei Vegetariern, auf alle Produkte verzichtet, die tierisch erzeugt wurden. Neben Fleisch zählen ebenfalls Milch und Eier dazu.

Wer das ernst nimmt, muss sich auch irgendwann die Frage stellen, wieso sein Hund noch Fleisch bekommen sollte. Tatsächlich gibt es immer mehr Hundebesitzer in der Hauptstadt, die ihre Hunde vegan ernähren. Statt Fleisch bekommen sie Hirse und Reis, statt Innereien Nudeln und ganz viel Gemüse. Ethisch ist man als Mensch fein raus und hat der Futtermittelindustrie ein Schnippchen geschlagen, aber ein Hund als Veganer? Der zählt bekanntlich zur Familie der Karnivoren – und das heißt übersetzt: Fleischfresser. Aber Fleischfresser hin oder her: Für viele ist die Tatsache, dass Tiere getötet werden, nicht mit ihrem Gewissen vereinbar.

Die Tierrechtsorganisation Peta führt an, dass jährlich Millionen lebensfähige Kühe, Kälber, Schafe, Schweine und Hühner alleine in Deutschland geschlachtet werden. Natürlich nicht für Tierfutter. Trotzdem unterstützt man mit dem Kauf von konventionell hergestelltem Hundefutter diese Industrie. Denn die Schlachtnebenprodukte sind es, die für unsere Hunde in die Dose kommen. Die Futtermittelindustrie agiert mittlerweile global. Kaum jemand weiß, was im Hundefutter drin ist. Peta kritisiert: „Viele Futtermittelfirmen produzieren weltweit und in jedem Land gelten andere Gesetze". Beispiel Kauknochen: Hauptursprungsländer sind Indien, China und Thailand. Dass dort andere Hygiene-, Umwelt- und Tierschutzstandards herrschen, dürfte jedem klar sein. Auch das wird von der Veganerfraktion immer wieder ins Feld geführt.

In Internetforen und auf Internetblogs wird das Thema ‚vegane Hundeernährung' heiß diskutiert (www.berlin-vegan.de). Die am meisten gestellte Frage: Ist vegane Ernährung überhaupt artgerecht? Martin Balluch, Umwelt- und Tierschutzaktivist, hat einen Artikel mit typischer Argumentation auf seinem Internetblog veröffentlicht: „Menschen können nicht entscheiden, wer zu sterben hat und wer nicht. Hunde haben in der Natur Fleisch gefressen, weil dort das Recht des Stärkeren galt. In einer Gesellschaft wie der unsrigen, ist der Hund dazu aber nicht mehr verpflichtet. Er muss sei-

Nur eine Zutat oder Alleinfutter – bei fleischloser Ernährung scheiden sich die Geister.

ne Nahrung nicht mehr selber jagen." Balluchs Meinung nach, ist es deswegen unnötig, den Hund noch mit Fleisch zu füttern. Alles klar?

Solchen Gedankengängen kann man folgen oder auch nicht. Neben ethischen Gesichtspunkten stellt sich aber die Frage, ob eine vegane Ernährung überhaupt verträglich beziehungsweise gesund für den Hund ist. Es gibt zwar schon einige Futtermittelfirmen, die vegane oder vegetarische Hundenahrung anbieten, dennoch ist die fleischlose Kost auf dem Futtermittelmarkt eher sporadisch vertreten. Ein veganes Futtermittel liefert der niederländische Anbieter Yarrah (www.yarrah.com), auf dessen Website man natürlich nur lobende Worte über das ethisch wertvolle Futter findet. Einige Argumente sind aber nachvollziehbar: Viele minderwertige Futtermittel enthalten eh kaum Fleisch. Billigsthundefutter enthält kaum mehr als vier Prozent Fleisch – da kann man auch gleich Veganer werden. Andere Tiere haben gesundheitliche Probleme, tierische Eiweiße zu verdauen. Zudem kann das Futter Haut- und Fellbeschwerden, Magen- und Darmprobleme und Hyperaktivität verhindern, die durch Fleischkonsum verursacht werden können, argumentiert der Hersteller.

Dennoch sehen einige Fachleute das Thema kritisch. Natalie Götz arbeitet beim Produktmanagement der Firma Dr. Schaette. Die produziert Tierfutter auf biologischer Basis, setzt Heilpflanzen und traditionelle Kräuter ein und ist damit von den

Standpunkten der Veganer nicht übermäßig weit entfernt. Dr. Schaette verzichtet allerdings nicht auf Fleisch. „Für eine vollwertige, gesunde und aus unserer Sicht artgerechte Ernährung sollte ein Teil der Nahrung aus pflanzlichen Komponenten bestehen. Ein Teil des Proteinbedarfs muss aber unbedingt durch Fleisch oder zumindest tierische Produkte wie Milch, Quark oder Käse gedeckt werden", meint Götz. Sie hält die vegane Ernährung aus ernährungsphysiologischer Sicht allerdings trotzdem für möglich, solange es dem Hund nicht an wichtigen Nährstoffen fehlt. Diesen Aspekt kritisieren vor allem Gegner der veganen Kost. Fehlende Nährstoffe wie einige Vitamine werden durch Zusatzpräparate ergänzt. Schnell kommen dann Pülverchen und Tabletten zum Einsatz – und die sollen nicht unter allen Umständen gesund sein. Andererseits muss gewährleistet sein, dass einem Hund bestimmte Nährstoffe zugeführt werden. Wird das vergessen, kann die vegane Ernährung schnell einseitig und ungesund für den Hund werden.

Dass eine vegane Hundeernährung aber sogar im großen Stil gelingen kann, beweist das österreichische „Tierparadies Schabenreith", das vielleicht größte Experiment für vegane Hundeernährung. Das Ehepaar und die Gründer des Tierheims, Doris und Harald Hofner-Foltin, leben selbst vegan. Deshalb beschlossen sie, auch einen Teil der fleischfressenden Tiere auf die vegane Kost umzustellen. 80 Prozent der Hunde bekommen vegane Kost. Bei vielen ließ sich schon nach kurzer Zeit eine positive Veränderung erkennen: „Alle Hunde, die wir vegan ernähren, bekommen ein glänzendes Fell. Außerdem verschwinden Hautprobleme und Allergien", berichtet Doris Hofner-Foltin. Für das Ehepaar Hofner-Foltin steht fest: „Ein Hund hat ein Recht darauf, genauso gesund ernährt zu werden wie ein Mensch. Wir können das mit einer veganen Ernährung so gut es geht gewährleisten".

Um zu überprüfen, ob die vegane Ernährung den Hunden auch nicht schadet, werden regelmäßig Bluttests durchgeführt. Das positive Resultat bestätigte der Veterinärmediziner Fritz Kemetmüller, Präsident der Tierärztekammer Oberösterreich: „Die Hunde vom Tierparadies Schabenreith sind alle gesund, die vegane Nahrung schadet ihnen sicher nicht." Trotzdem sieht er den Veganismus für den Hund auch kritisch: „Denn diese Tiere sind grundsätzlich Fleischfresser, und Laien können bei rein pflanzlicher Ernährung sehr viel falsch machen", so Neuhofner gegenüber einem Nachrichtenportal.

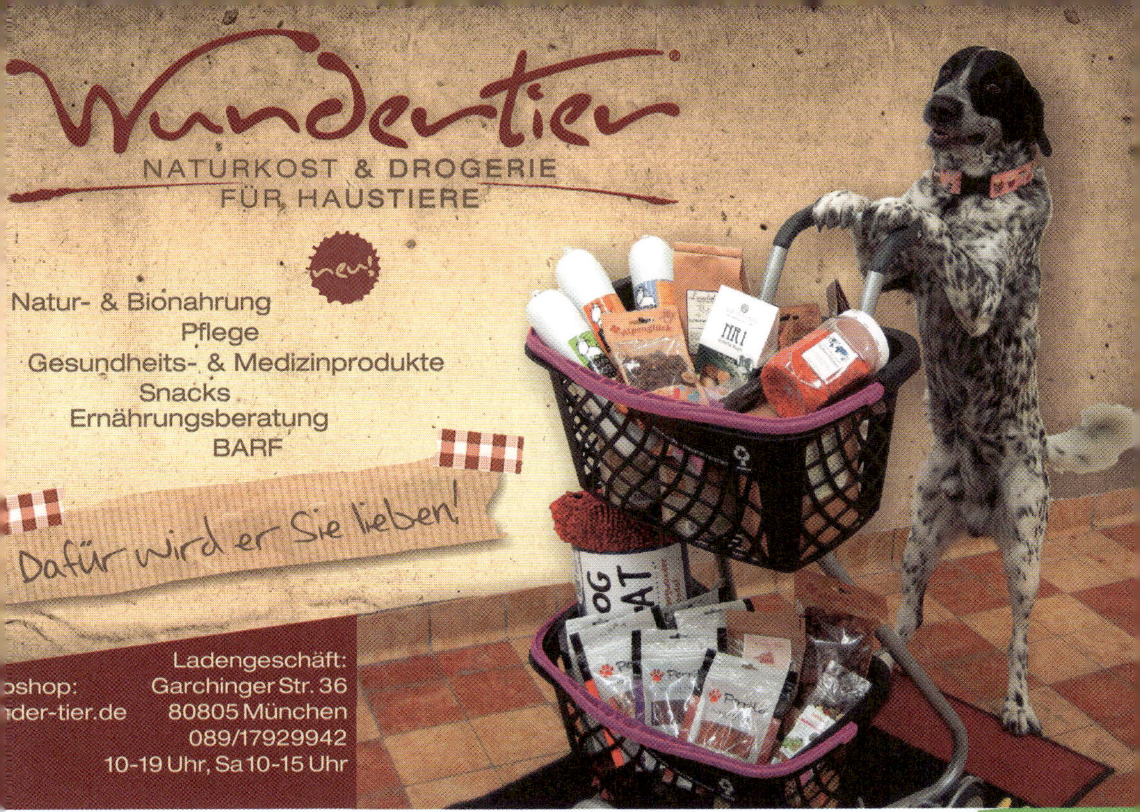

Wundertier®
NATURKOST & DROGERIE FÜR HAUSTIERE

neu

- Natur- & Bionahrung
- Pflege
- Gesundheits- & Medizinprodukte
- Snacks
- Ernährungsberatung
- BARF

Dafür wird er Sie lieben!

Ladengeschäft:
Garchinger Str. 36
80805 München
089/17929942
10-19 Uhr, Sa 10-15 Uhr

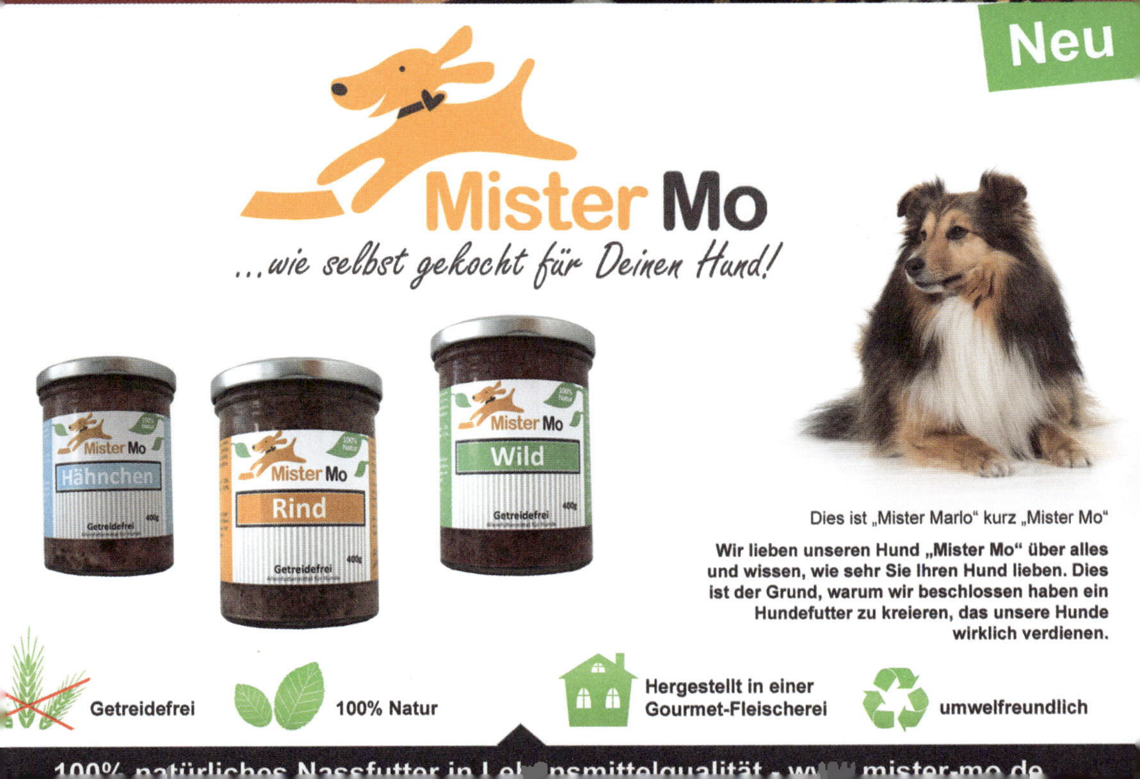

Onlineshop:
wunder-tier.de

Mister Mo
...wie selbst gekocht für Deinen Hund!

Neu

Dies ist „Mister Marlo" kurz „Mister Mo"

Wir lieben unseren Hund „Mister Mo" über alles und wissen, wie sehr Sie Ihren Hund lieben. Dies ist der Grund, warum wir beschlossen haben ein Hundefutter zu kreieren, das unsere Hunde wirklich verdienen.

 Getreidefrei
 100% Natur
 Hergestellt in einer Gourmet-Fleischerei
 umweltfreundlich

100% natürliches Nassfutter in Lebensmittelqualität · www.mister-mo.de

Weniger Fleisch ist mehr

Ein Tiernahrungshersteller will unsere Hunde zu „nachhaltigen" Konsumenten machen

Den meisten Hunden im Test hat Flexidog bisher sehr gut geschmeckt

Aus welchem Grund auch immer – die Zahl der Hundehalter, die sich selbst fleischlos ernähren oder zumindest öfter auf Fleisch verzichten, wird größer. Neben Vegetariern und Veganern gibt es immer mehr „Flexitarier". So nennt man Menschen, die auf Fleisch nicht ganz verzichten wollen, aber ihren Fleischkonsum nach dem Motto „Weniger, dafür besser" auf ein Maß zurückfahren, das für die Umwelt und die eigene Gesundheit zuträglicher ist und auch ein Zeichen gegen die Auswüchse der Massentierhaltung setzen will.

Erfolgreicher Futtertest

Aber der Hund? Begleitet er Herrchen oder Frauchen auf diesem Weg? Ein mittelständischer deutscher Tiernahrungshersteller will es Hundebesitzern jetzt erleichtern, ihre Lieblinge von einem nachhaltigeren Lebensstil zu überzeugen. Basierend auf wissenschaftlichen Erkenntnissen, die dem Hund bescheinigen, längst zum Allesfresser geworden zu sein, der pflanzliche Energie genauso gut verwerten kann wie tierische, entwickelte „Foodforplanet" mehrere Sorten Trockenfutter mit einem deutlich höheren Anteil pflanzlicher Nahrungsbestandteile. Das ganze Programm läuft unter der Marke „Green Petfood", die erste Produktserie nennt sich „Flexidog". So hat „Flexidog 85" nur 15 % tierische Anteile im Futter. Es soll sich für ausgewachsene Hunde der größeren Rassen als Alleinfuttermittel eignen. Ein Test mit über hundert Hunden hat gezeigt, dass die allermeisten Hunde das Futter nicht nur akzeptieren, sondern sehr gern fressen und gut vertragen. Die Ergebnisse der Testaktion sind auf der Website www.hundkeinwolf.de dokumentiert.

Wachsenden Hunden und kleineren agilen Rassen, die mehr Protein benötigen, wird „Flexidog70" angeboten, das zu 70 Prozent pflanzliche Nahrung enthält. Aber Klaus Wagner, der verantwortliche Produktmanager beim Hersteller von „Flexidog", will bei der Reduktion des Fleischanteils noch weitergehen. „Die Herstellung tierischer Nahrungsmittel ist aufwendig und in gewisser Weise auch ineffizient", so Wagner. Für eine Nahrungskalorie aus Fleisch muss ein Vielfaches an pflanzlichem Energieinput aufgewendet werden, darauf weisen Umweltverbände wie der WWF schon seit Jahren hin. Allmählich scheint das in den Köpfen anzukommen.

Im Bund mit der Evolution

Evolutionär sind Mensch und Hund gut darauf vorbereitet, eine immer größer werdende Weltbevölkerung dauerhaft zu ernähren. Beide sind Allesfresser, der Mensch war es schon seit jeher, der Hund hat es in den letzten 20.000 Jahren in Gemeinschaft des Menschen gelernt. Hunde sind heute vom Wolf, von dem sie abstammen, in Bezug auf das Verdauungssystem, aber auch bei Hirnfunktionen und im Nervensystem durchaus verschieden. Zwar hält sich der Mythos vom Wolf im Hund so hartnäckig, wie es eine Zeitlang auch gängig war, vom Menschen als dem „nackten Affen" zu sprechen. Aber die Macher von „Flexidog" setzen darauf, dass es vor allem in städtischen Lebenswelten genügend Hundehalter gibt, die ein moderneres Bild vom Hund haben. Damit hat der

Als professioneller Tierernährer spricht sich Klaus Wagner für ein fleischärmeres Hundefutter aus

„Flexidog"-Hersteller anscheinend eine Zielgruppe im Auge, die Genuss, Gesundheit und Umwelt auch im täglichen Konsum unter einen Hut bringen möchte. Hundehalter, die dieser Zielgruppe angehören, kann man davon überzeugen, dass Trockenfutter allein schon wegen des Verpackungsaufwands eine bessere Ökobilanz hat als Nassfutter – wenn das angebotene Trockenfutter qualitativ hochwertig ist und die Inhaltsstoffe transparent sind. Gentechnikfrei ist ein Muss. Bei der Erklärung der Futterzusammensetzung, so die Erfahrung von Klaus Wagner, sind die „Flexidog"-Kunden besonders interessiert und kritisch. Deshalb bekommen sie mit der ersten Lieferung auch eine Broschüre zur Produkttransparenz an die Hand. „Alle paar Wochen nehmen wir in diese Liste weitere Punkte mit auf", berichtet Wagner, „um unsere Kunden auf dem Weg zur nachhaltigen Hundeernährung zu unterstützen".

Sitz & Platz

Hunde sind unsere treuesten Begleiter. Dabei sind sie aber auch ganz eigene Persönlichkeiten. Welche verschiedenen Persönlichkeitstypen es gibt, soll ein Test herausfinden. Der soll auch zeigen, wie intelligent unsere vierbeinigen Freunde sind. Manche Forscher behaupten gar, ihre Gehirnleistung wäre vergleichbar mit der von Kindern. Umso wichtiger ist, dass sie die richtige Erziehung genießen. Sonst tanzen sie uns auf der Nase herum. Und gerade in der Stadt ist gutes Benehmen unumgänglich. Und was Hunde sonst noch alles so (lernen) können, steht auch in diesem Kapitel.

Einstein auf vier Pfoten

Wie Hunde ticken – ein Persönlichkeitstest soll es herausfinden

Lässt der Hund sich auch nach zwei Minuten noch nicht vom Gähnen anstecken, obwohl Herrchen oder Frauchen fünfmal pro Minute den Mund aufgemacht haben, zeigt dass, das der Vierbeiner wenig Einfühlungsvermögen besitzt. Denn Gähnen ist normalerweise ansteckend. Das zumindest ist das Ergebnis eines Persönlichkeitstests für Hunde, der unter anderem beweisen soll, wie clever ein Hund ist: Der Besitzer legt seinem Vierbeiner ein Leckerli vor und verbietet ihm, es zu essen. Wenn der Mensch dann die Augen schließt, schnappen die meisten Hunde zu, was bedeutet, dass sie eine Kosten-Nutzen-Rechnung aufgemacht haben.

Dognition ist der Name eines amerikanischen Start-Up-Unternehmens, das Persönlichkeitstest für Hunde aller Rassen und Altersstufen anbietet. Das Ganze besteht aus zehn Videos mit diversen Spielen, die Hunde im Hinblick auf fünf kognitive Fähigkeiten auf die Probe stellen: Empathie, Kommunikation, Cleverness, Erinnerungsvermögen und logisches Denken. Für den Praxistauglichkeitstest ließen sich schon 1511 Hundehalter aus 39 Ländern, darunter auch neun deutsche Hundefreunde, mit insgesamt 2276 Vierbeinern registrieren.

Erfunden wurde er von Brian Hare (37), dem Mitbegründer von Dognition. Der Professor für evolutionäre Anthropologie und Leiter eines Zentrums für Hunde-Kognition an der Duke University in Durham im US-Staat North Carolina führte sein erstes Experiment zur Hundepsychologie 1995 als Student mit den Hunden seiner Eltern durch: Er versteckte unter einem von zwei umgedrehten Bechern ein Leckerli, ohne dass die Tiere es sehen konnten. Dann

Ein gutes Team: Kathrin mit Tochter Charlotta und Riesenschnauzer Carlos.

zeigte er auf den richtigen Becher und schaute die Hunde dabei an, woraufhin sie zielgenau auf den Becher mit dem Futter zugesteuert sind, wie es in einem Bericht der Max-Planck-Gesellschaft heißt. Heute ist der Forscher überzeugt, dass Hunde in vielerlei Hinsicht Probleme ganz ähnlich lösen wie menschliche Kinder.

Hund erinnert sich an Verletzung des Frauchens

Wie und was Hunde denken und wahrnehmen, kann man auch an einem interessanten Beispiel eines Unfalls ablesen. Die Kölnerin Kathrin erzählt von ihrem morgendlichen Spaziergang mit ihrem Riesenschnauzer Carlos kurz vor Weihnachten im Weißer Bogen. Dabei begegneten die beiden einer älteren Dame mit ihrem Schäferhund. Beide Hunde verstanden sich auf Anhieb, was in einer wilden Toberei mündete. Um nicht umgerannt zu werden, machten sich die beiden Damen auf den Weg zu einem Unterstand, als eine dritte Hundebesitzerin mit einem kleinen Hund hinzukam. Der wollte natürlich mittoben, flüchtete sich aber, als es ihm zu wild wurde, zwischen die Beine seines Frauchens. Carlos rannte hinterher und Kathrin dachte noch: „der kann nicht mehr bremsen", während er auf sie zuraste. Es kam, wie es kommen musste, er prallte mit voller Wucht gegen ihr Bein, das sofort brach. Es schien zu-

nächst, als habe der Carlos nicht bemerkt, was passiert war, aber als der Notarzt kam, wollte er diesen nicht an sein Frauchen heranlassen. Erst die herbeigerufene Tochter konnte den Hund wegziehen.

Nach Rückkehr von ihrem zweiwöchigen Krankenhausaufenthalt, bei dem das Bein genagelt werden musste, war Kathrin besorgt, dass er sie nach der langen Zeit wie immer zur Begrüßung anspringen würde. Doch es geschah etwas ganz Unerwartetes. Als Carlos sein Frauchen erblickte, warf er sich sofort auf den Boden und kroch ihm auf dem Bauch entgegen. Seither wich er Kathrin nicht mehr von der Seite, sondern lag ihr ununterbrochen zu Füßen. Er hatte ganz offensichtlich eine Art von Schuldbewusstsein.

Zwischenzeitlich hatte eine Bekannte Carlos mit zu Spaziergängen genommen. Als sie eines Tages mit dem Auto zu der Stelle fuhr, wo das Unglück passiert war, weigerte er sich, entgegen seiner sonstigen Art, aus dem Auto zu springen. Erst nach langen Überredungen und mit Hilfe des Hundes der Ausführerin war er aus dem Auto zu bewegen. Auch hier hatte er ganz offensichtlich den Ort mit dem Unfall verknüpft.

Werbung

Entdeckungen mit dem Hund
Petra Voss-Briegleb Hundeerziehungsberaterin

Das Gelände für Entdeckungen
Einfahrt links neben Kerzen Schlösser
Max-Planck-Straße 43 · 50858 Köln-Marsdorf
Mobil: 01 62 / 31 22 57 0 · Mail: p.voss-briegleb@web.de
www.entdeckungen-mit-dem-hund.de

Neun Persönlichkeitsprofile

Bei den Dognition-Persönlichkeitstest jedenfalls werden insgesamt neun Profile augenzwinkernd unterschieden:

- **Ass oder Top-Hund**: Perfekter Problemlöser mit großen kommunikativen Fähigkeiten; hat alles, was einen Hund zu etwas ganz Besonderem macht, und dazu noch ein bisschen mehr.
- **Charmeur oder Canis irresistibilis**: Kleines Schlitzohr, das sich auf eine geheime Waffe verlässt - Sie!
- **Salonlöwe oder Jedermanns Freund**: der Schlüssel zum Erfolg sind seine gesellschaftlichen Umgangsformen.
- **Experte oder Problemlöser**: Kann viele Probleme selbstständig lösen, bleibt trotzdem ein Teil des Teams.
- **Renaissancehund oder Alleskönner**: Versteht von allem ein kleines bisschen.
- **Sterngucker oder Freigeist**: In seinem Kopf spielt sich mehr ab, als das Auge fassen kann.
- **Protohund oder Pionier**: Erinnert an die ersten Hunde, die eine Beziehung zu den frühen Menschen aufbauten; das Reifen sozialer Fähigkeiten ermöglichte es Hunden wie ihm, ein heiß geliebtes Mitglied des menschlichen Rudels zu werden.
- **Einstein oder Denker**: Ein ausgeprägtes Verständnis der Physik macht ihn zu einem Forscher.
- **Eigenbrötler oder einsamer Wolf**: Frech und wölfisch - sein starker unabhängiger Charakter machen ihn so erfolgreich.

www.dognition.com

Der Hunde-kindergarten

Benimmkurse für kleine und große Vierbeiner

Am Anfang sind alle Hunde niedlich und verspielt, aber wenn sie größer werden, gibt es immer wieder Probleme. Um dem vorzubeugen haben die verschiedenen Hundesportvereine oder Hundeschulen Welpenspielstunden eingerichtet - eine Art Kindergarten für junge Hunde. Hier geht es darum, Kontakt zu Altersgenossen zu knüpfen und ein paar einfache Regeln des Sozialverhaltens zu erlernen. Mit kleinen Übungen sollen die Hundekinder in ihrer wichtigen Prägungsphase gesellschaftssicher gemacht werden. Dazu gehören einfache Kommandos und das Heranführen ans Stadtleben. Sie lernen Radfahrer, den Straßenverkehr oder das Straßenbahnfahren kennen. Wenn die Hunde etwa 20 Wochen alt sind, wechseln sie in die Junghundegruppe, wo es mehr um die körperliche und geistige Arbeit für Hund und Herrchen geht.

Christiane Eckert-Jobs trainiert mit Lilly die Kommandos.

Basiskurse und Teamtests

Ab fünf Monaten erhalten Hunde einen Basis-Erziehungskurs. Hier lernen sie durch positive Bestärkung, aufs Herrchen oder Frauchen zu achten und mit ihm als Team verschiedene Übungen zu erarbeiten. Beim Hundesportverein (HSV) Köln-Mülheim etwa gibt es die Basiskurse in zwei aufeinander aufbauenden Klassen. Sie sind gleichzeitig auch die Voraussetzung für den Team-Test, eine anerkannte Prüfung des DVG und der VDH (Verband für das Deutsche Hundewesen), für den auch spezielle Vorbereitungskurse angeboten werden.

Christine Jansen übt regelmäßig mit Gaucho auf dem Platz des Hundesportvereins in Mülheim.

Internationale Prüfung für Schutzhunde

Die IPO-Ausbildung gibt es bei der Hundesportabteilung des Polizeihundesportverein (PSV) und des Hundesportverein Köln-Süd. Die Ausbildung beginnt bereits in jungen Jahren und ist speziell auf Schutzhunde zugeschnitten. Dabei lernt der Vierbeiner sicher und zuverlässig zu gehorchen, und das auch in Extremsituationen.

Kurse in Vereinen

In Köln gibt es drei große Hundesportvereine. Dazu gehört neben dem Hundessportverein Köln-Mülheim e.V., der am 9. Juni, dem Tag des Hundes, offiziell seinen 50. Geburtstag feierte, auch der Hundesportverein Köln-Süd. Der seit 1947 existierende Verein verfügt über eine Platzanlage in Zollstock, Fort VII. Seine Schwerpunkte liegen in der fachgerechten Hundeausbildung für Hunde aller Rassen und Größen. Dazu gehört auch die IPO. Daneben bietet der Verein aktive Freizeitgestaltung wie Hundesport mit Agility und Flyball. Seit 2011 richtet der HSV Köln-Süd jeweils am Tag des Hundes eine Hunderalley aus. Es gibt bei der Ralley lustige Stationen bis zum Ziel wie etwa „Sackhüpfen", „Das Gespenst" und „Das ersehnte Dinner". Alles erfordert Geschick, Konzentration und Teamwork. Was ist mit dem dritten Verein?

Der Polizeisportverein (PSV)

Hundesport ist eine Abteilung des Polizeisportvereins, die 1976 gegründet wurde, um die sportliche Leistungsfähigkeit der Polizei-Diensthunde zu stärken. Trainiert wird seit 1977 auf einem 35.000 Quadratmeter großen Übungsgelände in Godorf, das die Deutsche Shell zur Verfügung gestellt hat. Seit 1991 hat sich der PSV auch auf Turnierhundsport spezialisiert. In verschiedenen Disziplinen brachte er schon einen Deutschen Meister sowie zahlreiche Kreis- und Landesmeister hervor.

Seit 1995 können auch Privatpersonen dreimonatige Erziehungskurse unabhängig von Alter, Rasse oder Größe mit ihren Tieren beim PSV, dessen Hundesportabteilung in den Deutschen Verband der Gebrauchshundesportvereine (DGV) aufgenommen wurde, absolvieren. Anspruchsvolle Hundeführer können auch Mitglied werden und am Turnierhundsport (THS) und den Vielseitigkeitsprüfungen für Gebrauchshunde (VPG) teilnehmen, wie es auf der Internetseite des PSV heißt.

Mehr Infos

HSV Köln-Mülheim e.V.
Berliner Straße/Ecke Neurather Ring (Parkplatz)
51063 Köln
Tel.: 02 21/620 08 61 (1. Vorsitzende Petra Franke)
Web: www.hsv-koeln.de

HSV Köln-Süd e.V.
Militärringstraße/Fort VII 7
50969 Köln
Tel.: 01 76/994 143 71 (Detlev Schössow, 1. Vorsitzender)
Web: www.dvg-hsv-koeln-sued-e-v-hundesport.de

PSV
Emil-Hoffmann-Straße
Shell-Gelände, Tor 3
50996 Köln-Godorf
Tel.: 01 77/564 98 45 (Heinz Rühle, Abteilungsleiter)

Spaß, Sport und Spiel für Hunde
Im Verein wie in der Hundeschule

Auch Hunde sind nur Menschen – jedenfalls, war ihre Beschäftigungsmöglichkeiten angeht. Da gibt es jede Menge an Spiel und Spaß, aber auch Sport und harten Wettkampf. Ausbildungen werden nicht nur in Hundesportvereinen, sondern auch in Hundeschulen angeboten. Für den Wettkampfsport und seine Richtlinien ist indes der Deutsche Verband der Gebrauchshundesportvereine zuständig.

Beim Hundesportverein Köln-Mülheim treffen sich die Mitglieder regelmäßig zum Training auf der Anlage an der Berliner Straße. Dazu gehört auch Petra Franke, die erste Vorsitzende des Vereins, mit ihrer kleinen Mischlingshündin Thea, die aus Griechenland stammt. Die Kölner Rechtsanwältin hat sie vor vielen Jahren von den Bergischen Tierfreunden aus Kürten übernommen, mit denen der HSV auch eine Kooperation hat. Franke ist gleichzeitig auch die lokale Koordinatorin für das Projekt „Helfer auf vier Pfoten". Hierbei besuchen Hundebesitzer mit ihren Vierbeinern ehrenamtlich Kinder in Kindergärten oder Grundschulen, um diesen einen Zugang zu den Tieren zu ermöglichen.

Christiane Eckert-Jobs hat ihre zwei Hunde von den Bergischen Tierfreunden. Die Trainerin und Hundepsychologin aus Bergisch-Gladbach kommt regelmäßig mit der kleinen Mischlingshündin Lilly (aus Mailand) und dem 14-jährigen großen Rüden Karot (aus der Toskana) zum Platz. „Das Alter der Hunde spielt keine Rolle, so lange sie noch Spaß am Training haben", meint sie. Das sieht auch die zweite Vorsitzende, Bettina Jansen, so. Mit ihrem achtjährigen Gaucho, einem Mix aus Golden Retriever, Schäferhund und Husky, trainiert sie regelmäßig auf dem Platz.

„Sich im Spaß zu messen", nennt sie ihre Motivation und gibt gleich eine Kostprobe von Gauchos Können. Mit Temperament läuft er durch ein Rohr, springt über zwei Hürden und durch einen Reifen, während die Besitzerin nebenher rennt – ein Training für Mensch und Hund also. Klein-Thea ist derweil über eine hohe Hürde gelaufen und wartet begeistert auf ihr Leckerchen von Frauchen Petra. Das wiederum erklärt die Unterschiede zwischen den verschiedenen Angeboten.

Agility

Agility ist ein erzieherisches Spiel zur Eingliederung des Hundes in die Gesellschaft. Es ist für alle sportlichen Hunde geeignet,

Viel Spaß haben die Vierbeiner beim Training.

die als Team mit ihrem Menschen ohne Leine Parcours aus zehn bis zwanzig Hindernissen bewältigen müssen. Die bestehen aus Sprunghindernissen, Hindernissen mit Kontaktzonen, die mit einer Pfote des Hundes berührt werden müssen wie Schrägwand, Wippe, hohe Laufdiele, verschiedenen Tunneln, einem Slalom und selten einem Tisch. Ziel ist, dass der Hund den Parcours nur auf Zuruf oder mit Hilfe der Körpersprache des Hundeführers bewältigt.

Degility

Während Agility auf Schnelligkeit und Aktion ausgerichtet ist, ist Degility eher etwas für ruhige Zeitgenossen. In einem eher gemächlichen Miteinander wird vor allem das Gleichgewicht geschult, die Koordination trainiert und die Konzentration gefördert. Aufgrund des Verzichts auf gelenkbelastende Sportgeräte und der betont langsamen Ausführung ist Degility nicht nur optimal für ältere oder behinderte Tiere, sondern wird auch zur Resozialisierung schwieriger oder misshandelter Hunde eingesetzt.

Dog-Frisbee

Das Dog-Frisbee kam aus Amerika. Im Wettkampf wird hauptsächlich Freestyle betrieben, das aus verschiedenen Tricks mit unterschiedlichsten Wurftechniken besteht. Bewertet wird die Freestylekür nach Bewegung und Athletik des Hundes, Einfalls-

Petra Jansen mit Thea beim Agility-Training.

reichtum und Kreativität der Würfe. Weitere Disziplinen sind Mini- und Long-Distance.

Obedience

Die jüngste deutsche Hundesportart ist Obedience. Der Hund meistert mit seinem Teamgefährten Mensch verschiedene Übungen und soll ein kontrolliertes Verhalten in unterschiedlichen Situationen zeigen. Dazu gehört die Distanzarbeit, bei der der Hund mit einem Abstand zum Hundeführer gehorcht. Aufgeteilt wird Obidience in verschiedene Klassen. Ein ähnliches Ziel verfolgt das Longieren. Auch hier geht es darum, durch Distanz Nähe zu erzeugen.

Dogdancing

Dogdancing ist eine noch junge, aber sehr elegante Hundsportart, die ihren Ursprung in den USA hat. Sie stammt vom Obedience ab und basiert auf grundlegendem Hundegehorsam. Hund und Mensch vollführen zu musikalischer Begleitung rhythmische Bewegungen in einer eigenen Choreografie.

Das setzt eine Menge an Übung voraus und basiert auf aufmerksamem Bei-Fuß-Gehen, das mit speziellen Kunststücken wie etwa Beinslalom, Rückwärts gehen, Seitengängen, Drehungen, Pfotenarbeit, Sprüngen, zwischen den Beinen laufen, Männchen machen und Polonaise gespickt ist. Der Hund wird durch kleinste Körpersignale und verbale Kommandos dazu animiert, sich rhythmisch und synchron und unter einem fließenden Richtungswechsel teils gegeneinander und teils auf Distanz zwischen Mensch und Hund zu bewegen.

Flyball

Beim Flyball steht Tempo, Spieltrieb und Apportierfreude für Hunde aller Größen und Rassen im Vordergrund. Auf spielerische Art und Weise wird hier in Wettkämpfen Bewegungsfreude, Selbstsicherheit und Sozialverhalten gefördert. Pro Lauf treten jeweils zwei Mannschaften mit je vier Teams auf zwei nebeneinander liegenden Bahnen gegeneinander an und die Hunde müssen ohne Hilfe des Hundeführers vier aufgestellte Hürden überspringen, den Auslösemechanismus an der Flyballbox betätigen, den herausgeworfenen Ball fangen und mit dem Ball im Fang über die selben vier Hürden zurück zur Start-/Ziellinie rennen.

Turnierhundsport des DGV

Begonnen vor über 30 Jahren hat sich der Turnierhundsport zu einer festen Größe im Angebot vieler Hundesportvereine entwickelt. Eigentlich ist es nichts anderes als Leichtathletik mit Hund. Der Breitensport ist grundsätzlich für Menschen jeden Alters und für Hunde aller Rassen geeignet. Bis auf eine Disziplin werden nur die Hundebesitzer, nicht aber die Hunde nach Alter und Geschlecht unterteilt. Die Disziplinen sind im Deutschen Verband der Gebrauchshundsportvereine (DGV) geregelt. Hier findet man auch Teilnahmeformulare und Prüfungsbedingungen.

Vierkampf 1 und 2

Was der Zehnkampf in der Leichtathletik darstellt, ist der Vierkampf im Bereich Turnierhundsport. Dazu gehören die Übungsteile Gehorsam, Hindernislauf, Slalom und Hürdenlauf. Letzterer muss von den Menschen trainiert werden, während der Hund die Grundvoraussetzung dafür schon mitbringt. Im Vierkampf 1, der Einsteigerklasse, haben Hund und Mensch eine 50 Meter lange Sprintstrecke zu bewältigen, wobei der Hund drei Hürden in Höhe von 40 Zentimetern zu überwinden hat. Die Gesamtzeit von zwei Durchgängen fließt in die Wertung ein. Der Hürdenlauf des Vierkampf 2 besteht aus nur einem Durchgang auf einer Strecke von zweimal 40 Meter (!) und sechs Hürden. Beim Slalomlauf müssen Hund und Mensch einen 75 Meter langen und in den Slalomtoren 1,40 Meter breiten ZickZack-Kurs in zwei Wertungsgängen bewältigen.

Hindernislauf

Der Hindernislauf ist die beste Möglichkeit, in den Wettkampf-Hundsport einzusteigen. Er wird aus dem Vierkampf als eigenständige Disziplin ausgeführt, wobei die Größe des Hundes berücksichtigt wird. Hunde bis 50 und ab 50 Zentimeter laufen

in getrennten Klassen. Es muss eine 75 Meter lange Strecke mit 75 Metern mit Hürde, Treppe, Tunnel, einem 65 Zentimeter hohen Laufdiel, einem Reifen und einem Hoch-Weit-Sprung zurückgelegt werden. Während Hunde die Hindernisse erklettern oder durchkriechen müssen, dürfen die Hundeführer daneben herlaufen und das gleich in zwei Wertungsdurchgängen. Trotzdem ist meistens der Hund schneller am Ziel, als sein Herrchen.

Geländelauf

Da fast jeder gesunde Hund von sich aus die Voraussetzungen zum Lauftraining mitbringt, ist der Einstieg in diese Disziplin verhältnismäßig einfach. Der Geländelauf über 2000 oder 5000 Meter führt durch Wald und Flur (selten asphaltiert) und wird mit angeleintem Hund bewältigt. Im Idealfall läuft der Hund ohne zu ziehen oder zu zerren an lockerer Leine neben seinem Zweibeiner her. Auch hier sind Gehorsam und sozialverträgliches Verhalten des Hundes Grundlage für den Erfolg.

Combinations-Speed-Cup

Beim CSC-Parcours herrscht richtige Wettkampfstimmung. Drei Hundeführer sind mit ihren Hunden am Start. Hier geht es um Tempo, Gehorsam, Sozialverträglichkeit und Führigkeit. Der Parcours ist in drei Sektionen mit Hindernissen, Slalomtoren und Wendestangen aufgeteilt. Jeder Hundeführer steht mit seinem Hund an der ihm zugewiesenen Startposition und darf dort erst dann loslaufen, wenn der vorherige Läufer sein Ziel erreicht hat, ähnlich den Staffelläufen in der Leichtathletik.

Shorty

Der Shorty ist eine Kurzbahn CSC. Zwei sich kreuzende Hindernisbahnen stellen die Anforderung an die Teams. Die Grundanforderung an den Ausbildungsstand von Hund und Hundeführer sind hier aber geringer als beim CSC. Der Shorty lässt sich wegen des geringeren Platzbedarfes auch in Hallen durchführen.

Qualifikations-Speed-Cup

Beim QSC kämpfen zwei Teams Mensch/Hund auf parallelen, baugleichen Hindernisparcours um den Sieg. Dabei wird der Tagesbeste ermittelt.

Werbung

Hunde wollen einfach nur Hunde sein

Der Hundepsychologe meint: Kein Stress mit Agility & Co.

Über fünf Millionen Hunde werden in Deutschland als Haustiere gehalten. Das Zusammenleben zwischen Mensch und Tier ist aber nicht immer einfach. Oft kommt es zu Verhaltensauffälligkeiten wie Ängstlichkeit, Aggressivität, Unsauberkeit und Erziehungsproblemen. Hier kann die Hundepsychologie helfen, die Hilferufe des Tieres zu entschlüsseln und das Verständnis zwischen Mensch und Hund zu verbessern. So ist ein Verhaltenstherapeut für Hunde eigentlich eine Art Übersetzer für beide Seiten.

Hundespsychologe Thomas Riepe, gleichzeitig Vorsitzender des Berufsverbandes der Hundepsychologen und Herausgeber verschiedener Ratgeber, stand Rede und Antwort.

Welcher Hund passt zu welchem Menschen?

Das ist eine sehr gute Frage. Leider werden Hunde heute viel zu oft nach modischen Gesichtspunkten, einem aktuellen Trend folgend angeschafft. Die Bedürfnisse der Hunde stehen dabei leider meist hinten an. Es gibt zum Beispiel Hunderassen, bei denen eine schnelle Reaktion auf Reize gewünscht war und ist. Diese Hunde sind dadurch sehr leicht zu erregen und „fahren" schnell hoch, regen sich schnell auf. Schnelle Reaktionen sind beispielsweise bei Jagdhunden erwünscht. Lebt ein solcher Hund aber nun in einem hektischen Haushalt, mit kleinen Kindern, kann ständige Unruhe das Nervenkostüm eines solchen Hundes durchaus überfordern.

Menschen können sich auch bei der Wahl des Hundes überfordern. Man sollte meiner Meinung nach in der Lage sein, einen Hund festzuhalten. Es ist zum Beispiel wichtig, einen Hund in einer Ausnahmesituation (Schreck, Jagdimpuls) halten zu können. Wenn man aufgrund der eigenen Größe, des eigenen Gewichts nicht

in der Lage sein kann, einen sehr großen, schweren Hund festhalten zu können, sollte man soviel Vernunft walten lassen, sich einen kleineren Hund zu halten. Und Vernunft ist das wichtigste Stichwort bei der Wahl eines Hundes. Hunde, Menschen und auch Umstände sollten immer individuell gesehen werden, pauschale Ratschläge sind da wenig hilfreich. Wenn man sich bei der Anschaffung eines Hundes nicht sicher ist, welcher Hund, welche Rasse zu meinem Lebensumfeld passen, wäre es von Vorteil, sich individuell von einem Hundetrainer oder Hundepsychologen beraten zu lassen.

Ist gewaltfreie Erziehung für Hunde der beste/einzige Weg?

Hier stellt sich die Frage, was gewaltfrei überhaupt bedeutet. Über diese Frage wird ausführlich gestritten. Man kann aber heute als gesichert ansehen, dass Lernen über positive Verstärkung und über Belohnung wesentlich besser und vor allem auch nachhaltiger im Gehirn abgespeichert wird. Körperliche Strafen müssen häufiger wiederholt werden, verblassen schneller – wodurch man eine Gewaltspirale in Gang setzt, die sich immer weiter nach oben bewegt. Zudem haben alle Erziehungsmethoden, die mit Schmerz, Schreckreizen zu tun haben, immer Nebenwirkungen, die das Wohlbefinden des Hundes negativ beeinflussen, aber auch unerwünschte Folgen für Menschen haben können. Schmerz und Unterdrückung verursachen aufgestaute Aggressionen und Frustrationen, die sich in plötzlichen und auch situativ völlig überzogenen Aggressionsausbrüchen entladen können. Oder wenn man nicht direkt mit Schmerz arbeitet – zum Beispiel mit Schreckreizen wie „Rappeldosen werfen" oder mit Wasserpistolen arbeitet, läuft man Gefahr, dass die Hunde eine niedrige Reizschwelle gegenüber Geräuschen entwickeln. Die Nebenwirkungen von Gewalterziehung sind also vielfältig, unkontrollierbar und Schaden letztlich Mensch wie Hund – ganz zu schweigen davon, dass Gewalt, entgegen der landläufigen Meinung, nicht wirklich zum sozialen Verhaltensrepertoire von Hundeartigen gehört. Im sozialen Kontext bewegen sich Hunde, wenn sie ihrer Art entsprechend leben, in einem ritualisierten Bereich und fügen sich eigentlich nur in seltenen Ausnahmefällen einmal gegenseitig Schmerz zu.

Natürlich gehört auch in der Hundeerziehung ein „NEIN" dazu und ich kann meinen Hund auch mal bedrohlich fixieren, um eben die angesprochene ritualisierte Kommunikation anzuwenden. Ich sollte Hunde aber nie schlagen, ängstigen oder verunsichern. Die Gefahren von negativen Auswirkungen auf Verhalten und Gesundheit der Hunde sind da einfach zu hoch. Vom moralischen Standpunkt einmal abgesehen…

Wie mache ich meinen Hund glücklich?

Glück könnte man ja einfacher als wohlfühlen ausdrücken. Und ein Lebewesen fühlt sich immer dann wohl, wenn es ein Gleichgewicht von Stresshormonen und Hormonen, die dem Stress entgegenwirken (Glückshormone) im Körper gibt. Man kann davon ausgehen, dass die hormonelle Gleichgewichtung eines Lebewesens dann erreicht wird, wenn es so leben kann und darf, wie es seine natürlichen Veranlagungen vorgeben. Wenn man Hunde studiert und beobachtet, die ohne menschlichen Einfluss leben, bekommt man eine Vorstellung davon, wie ein Hund seiner Art entsprechend lebt und sich wohlfühlt. Hunde möchten ihr Territorium in Ruhe, vor allem mit der Nase erkunden. Sie möchten schnüffeln („lesen"), markieren, Nahrung suchen und bearbeiten. Sie brauchen ihrem individuellen Typ entsprechende Bewegung, was aber nicht bedeutet, dass sie durch die Gegend gescheucht werden. Sie möchten soziale Interaktion mit Menschen und/oder Hunden, streicheln und Kuscheln sind da besonders geeignet. Und sie brauchen mehr Ruhephasen als man glaubt. Untersuchungen zeigen, dass Hunde aller Rassen zwischen 17 und 20 Stunden am Tag ruhen und schlafen sollten, um ein ausgeglichenes Hormonsystem zu haben. Um sich wohl zu fühlen, um glücklich zu sein.

Hundepsychologe Thomas Riepe mit Puzzel und Koka.

Braucht mein Hund Hundesport und Agility?

Nein. Das ist eher etwas für den Hundebesitzer. Natürlich kann man Hundesport betreiben, so lange es dem Hund Spaß macht, man ihn nicht überfordert oder überdreht. Alles in vernünftigem Maß. Der Hund braucht es aber nicht zu seinem Glück. Selbst Hunde, die man als Gebrauchshunde zur Arbeit einsetzt und denen man nachsagt, sie bräuchten viel Arbeit, brauchen aktionsgeladene Beschäftigung nicht – im Gegenteil. Meist überdrehen solche Hunde schnell und werden erst durch zuviel Beschäftigung abhängig davon und wollen dann immer mehr. Ein Husky hat zwar die körperlichen Fähigkeiten, um lange zu laufen, braucht aber entspannende und geistige Auslastung mehr, als reine körperliche Bewegung. Um sich wohlzufühlen, um ein Gleichgewicht zwischen den Hormonen im Körper zu bekommen, die ein Wohlbefinden begünstigen. Also, Hundesport ist in gewissem, kontrolliertem Umfang in Ordnung. Notwendig ist er nicht.

Wie äußert sich eine Depression beim Hund?

Ist das vorher erwähnte hormonelle Gleichgewicht gestört und dauert diese

Störung lange an, kann das zu einer Depression führen. Einfach ausgedrückt bedeutet das, dass die hormonelle Störung dauerhaft zu übermäßig vielen Stresshormonen im Körper führt, die den gesamten Körper belastet. Das hat zur Folge, dass der Körper eine Art Notbremse zieht, um dem betroffenen Lebewesen Ruhephasen zu gönnen. Es entsteht eine Antriebsarmut die zu sehr wenig Bewegung führt. Bei gut dosierter Bewegung werden aber dem Stress entgegenwirkende Hormone freigesetzt, die dann bei Antriebsarmut wieder fehlen, das Ungleichgewicht steigt und so weiter. Es entwickelt sich ein Kreislauf, eine Negativspirale nach unten. Eine Depression kann soweit führen, dass ein Hund völlig teilnahmslos und ohne jeden Antrieb, ohne jede überflüssige Bewegung sein Dasein fristet. Antriebsarmut kann natürlich auch immer körperliche Ursachen haben, weshalb man immer zuerst einen Tierarzt aufsuchen sollte. Kann dieser aber nichts finden, sollte man eine Depression in Betracht ziehen.

Was tut man gegen eine Depression?
Wenn man den Verdacht hat, dass der Hund eine Depression hat, eine starke Antriebslosigkeit oder ein anderes, für den speziellen Hund ungewöhnliches Verhalten zeigt, dann sollte man zunächst zum Tierarzt gehen. Der muss andere Krankheiten ausschließen. Mit einem Blutbild kann der Tierarzt erkennen, ob eine Erkrankung der Schilddrüse vorliegt. Das könnte ähnliche Symptome hervorrufen. Stellt er nichts fest, sollte man zum Tierpsychologen, Verhaltenstherapeuten oder einem Tierarzt mit Verhaltenstherapeutischer Zusatzausbildung gehen. Der sucht dann nach Ursachen der Symptome und sollte dabei helfen, mögliche Stressoren zu beseitigen - manchmal reichen da schon kleine Änderungen im Alltag, manchmal muss man ein Training folgen lassen, welches den Hund wieder in die Lage versetzt, sich wohl zu fühlen. Auch die Gabe von leichten, frei beziehbaren Medikamenten, die eine beruhigende Wirkung auf Hunde haben, kann bei einfachen Fällen schon helfen. Bei schweren Fällen kann man auch zu Psychopharmaka greifen, deren Gabe aber nur von Tierärzten verschrieben und überwacht werden kann. Am besten ist es natürlich, wenn man es als Hundehalter nicht soweit kommen lässt, dass der Hund eine Depression bekommt. Zwar sind diese zum Teil erblich - wenn man den Hund aber artgerecht hält, ihn nicht mit Gewalt konfrontiert und auch sonst nicht ängstigt, verunsichert und unterdrückt, ist die Gefahr einer Depression eigentlich eher gering und meistens menschengemacht.

Mehr Infos

Thomas Riepe
Hundepsychologe
Trift 8
59609 Anröchte
Tel.: 02947 / 5176
Mobil: 0172 / 9491766
Mail: thomas@riepehunde.de
Web: www.riepehunde.de

Von Jägern, Fährtensuchern und Maintrailern
Jobs für Hunde – Hundejobs

Neben den verschiedenen Hundsport-Disziplinen gibt es auch spezielle Ausbildungen wie etwa für Mantrailer, Rettungshunde und Jagdhunde, die bei der Johanniter Unfall Hilfe, dem Deutschen Roten Kreuz oder bei der Kölner Jägerschaft angeboten werden. Zu den Ausbildern auf Gut Leidenhausen in Porz Hegeringleiter der Kölner Jägerschaft gehören Robert Korff und Helga Hansfeen, die regelmäßig dienstags mit Herr und Hund üben.

So etwa mit dem acht Monate alten Bayerischen Gebirgsschweißhund Sepp und seiner Schwester Anna. Die Sie sind mit dem Jäger-Ehepaar Karl-Heinz und Margarete Henn da und trainieren das Apportieren. Das müssen die Hunde lernen, wenn sie die Prüfung für Niederwild (Hasen, Kaninchen, Fasanen) absolvieren wollen. Bei der Eignung für Hochwild geht es indes eher um das Aufspüren von erlegten Rehen, Hirschen und Wildschweinen, wie Hansfeen erklärt. Geübt wird mit „Rinderschweiß" wie das Blut in der Jägersprache heißt. Nach einem halben Jahr müssen die Gebirgsschweißhunde, Pudelpointer, Hannoveranischen Schweißhunde oder Dackel fit

Margarethe Henn lässt ihre Anna jagdlich ausbilden.

sein für die Gebrauchshunde-Prüfung, bei der sie zudem auch ihre Schussfestigkeit unter Beweis stellen müssen.

Margarethe und Karl-Heinz Henn lassen sich von Helga Hansfeen (r.) die Übungen erklären.

Und was es sonst noch alles gibt

Ein anderer typischer Hundejob, ist der des Fährtensuchers, eine der anspruchvollsten Aufgaben für Hunde. Auf einer Distanz von 250 Metern bis zu zwei Kilometern wird das Auffinden von kleinen Gegenständen trainiert. Man beginnt mit der Eigenfährte und kann in den verschiedenen Stufen bis hin zu einer drei Stunden alten Fremdfährte, die auch noch mehrfach von Verleitungsfährten gekreuzt ist, den Hund ausbilden und in Prüfungen führen. Neben der Fährtenarbeit kann der Hund zusätzlich noch das Stöbern lernen.

Das Mantrailing ist zwischen der Fährtensuche und Rettungshundeausbildung angesiedelt. Hier geht es um die Personensuche mit Hilfe des Spürsinns von Gebrauchshunden, den so genannten Mantrailern. Der Unterschied zwischen ihnen und anderen Suchhunden besteht darin, dass der Personenspürhund verschiedene menschliche Gerüche voneinander unterscheiden kann und sich trotz vieler Verleitungen ausschließlich an den Geruchsmerkmalen der gesuchten Person orientiert. Mantrailer können, im Unterschied zu Fährtenhunden, auch in Gebäuden und auf bebauten Flächen eingesetzt werden und finden erkennen menschliche Spuren sogar in fahrenden Autos.

Bei der Rettungshundearbeit schließlich geht es um eine sehr hohe Einsatzbereitschaft von Hund und Mensch. Generell eignet sich fast jede Hunderasse dafür, sie sollte jedoch ein freundliches Wesen und eine hohe Arbeits- und Leistungsbereitschaft mitbringen. Der Hundeführer muss bereit sein, im Rettungsdienst und Katastrophenschutz zu arbeiten und neben der Ersten Hilfe am Menschen auch Geländeorientierung, Einsatztaktik, Funk, Schadensbeurteilung, Einsatzmanagement kennen. So wird bei der Rettungshundtauglichkeit zunächst überprüft, ob das Team Mensch/Hund den physischen und psychischen Belastungen dieser Arbeit gewachsen ist und erst dann im Rahmen einer Ausbildung einsatztauglich gemacht. In besonderen Einsatzkursen erhalten bereits geprüfte Rettungshunde-Teams die Qualifikation für internationale Einsätze.

Mehr Infos

Deutsches Rotes Kreuz e.V.
Rettungshundestaffel
Oskar-Jäger-Str. 101-103
50825 Köln
Tel.: 01 72/968 20 62
Web: www.suchundhilf.de

Die älteste Rettungshundestaffel wurde im DRK Ortsverein Porz e.V. gegründet:
Friedensstraße 120
51145 Köln
Tel.: 022 03/220 02

Johanniter Unfall Hilfe, Rettungshundestaffel: Die Mantrailer
K-9 Suchhundezentrum-Rheinland
Auf der Zange 30
53721 Siegburg
Tel.: 022 41/120 13 50
Web: www.k9-mantrailing.de

Kölner Jägerschaft e.V.
Gut Leidenhausen 1a
51147 Köln (Porz)
Tel.: 022 03/102 34 37
Web: www.ljv-nrw.de/kjs-koeln

Ein assistierender Jagdhund
Der Hund als Freund und Helfer

„Ich habe vor neun Jahren den ersten Hund bekommen", sagt Jürgen Buchholz, das Herrchen der neunjährigen Qu und der fünfjährigen Seven. Die beiden schwarzen Labrador-Retriever haben nicht nur die VPS-Jagdhundeprüfung (VPS: Verbandsprüfung nach dem Schuss) absolviert und nehmen mit ihrem Herrchen an verschiedenen Wettkämpfen teil. Sie können auch Lichtschalter an- und ausschalten, Türen öffnen, ihrem Herrchen das Telefon oder ein Fax bringen. Und das hat ihnen Buchholz selbst beigebracht. „Ich wollte keine 15.000 Euro für eine Ausbildung ausgeben", sagt der frühere Sportler, der sich bei einem Unfall im Hochsprung im Jahr 1985 den dritten und vierten Halswirbel brach. Seitdem sitzt er im Rollstuhl und ist ab dem Hals abwärts gelähmt.

Qu ist ein jagdlich ausgebildeter Assistenzhund.

„Ich wollte einen Hund in erster Linie als Kumpel für mich", erzählt Buchholz, der mit Leidenschaft mit seinen Tieren in der Offenen Klasse auf Working-Tests, Dummy- und Jagdsimulationsprüfungen geht. Dabei wird der Dummy im Gelände ausgelegt oder geworfen", beschreibt er die Vorgehensweise, bei der er (Bezug ungenau) von einem Assistenten unterstützt wir. Während die Hunde perfekt auf seine Stimme oder seinen Piff hören, zeigt der Helfer etwa mit seinen Armen die Richtung. Neben einem funktionierenden Grundgehorsam und einer guten Kommunikation zwischen Hund und Mensch ist bei den Prüfungen auch die zuverlässige Kontrollierbarkeit, selbst unter großer Ablenkung gefragt. Der ständige Wechsel zwischen ruhiger Konzentration und Aktion trainiert perfekt die Erregungskontrolle des Hundes.

„Man muss konsequent dranbleiben", sagt der frühere Kölner, der heute mit seiner Ehefrau in einem Einfamilienhaus in der Gemeinde Much wohnt. Sie ist es auch, die die Hunde mit zum Jagen in ihr Revier in Hangelar nimmt. Gerade erst hat sich Seven dabei eine Kralle verletzt. Darum lässt sie sich derzeit auf dem Schoß von Herrchen Jürgen trösten.

Qu bringt Herrchen Jürgen Buchholz die Beute.

Die Tagebücher von Easy Dogs.
Mehr Freude und Erfolg beim Training.

▷ www.Easy-Dogs.net

Training   Dummyarbeit   Mantrailing   Gesundheit

 **Happy Dogs - Happy People**
Das tierisch menschliche Hundezentrum

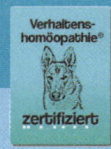 

■ Individuelle Verhaltensberatung
■ Kommunikationstraining Mensch/Hund
■ Verhaltenshomöopathie
■ Schulung zum Therapiebegleithund
■ Hundebesuchsdienst für Menschen mit Demenz
■ Mantrailing
■ Longieren mit Hund

Infos und Anmeldung:
Michael „Atze" Nehmann, Zertifizierter Hundetrainer
Tel: 02205 - 9479977 Mobil: 0173 - 5368988
info@hd-hd.de oder www.hd-hp.de

Gassi & Co.

Hunde in der Stadt – das ist ein Thema für sich. Manch ein Vertreter öffentlicher Ämter meint gar, dass große Hunde gar nicht in die Stadt gehören. Grundsätzlich aber kommt es doch nur darauf an, dass der Hund genug Auslauf hat. Wo es den gibt und vor allen Dingen wo Hunde ungezwungen toben können, zeigt dieses Kapitel auf. Hunden geht es allerdings nicht nur ums Spazierengehen, sondern darum, immer mit dabei zu sein. Was muss man aber beachten, wenn man seinen vierbeinigen Freund im Auto, im Taxi oder in der Bahn mitnimmt? Und gibt es auch spezielle touristische Angebote in der Stadt? Das alles wird hier beantwortet.

Toben und Schnüffeln ganz ohne Zwang
Wo dürfen Hunde frei laufen?

Im Bundesvergleich belegt Köln mit mehr als 80 ausgewiesenen Hundefreilaufflächen vorderste Ränge. Zuständig für die Ausweisung dieser Gebiete ist das städtische Grünflächenamt. Während in der Stadt und ihren Grünanlagen, also in allen Bereichen mit „erhöhtem Publikumsverkehr", wie es auf der städtischen Internetseite heißt, eine generelle Anleinpflicht (maximale Länge der Leine: 1,50 Meter) für alle Hunde besteht, gibt es in den Randbereichen auch einige Gebiete, in denen Hunde laufen dürfen. Das sind die so genannten Landschaftsschutzgebiete, zu denen laut Hubertus Tempski, dem Stellvertretenden Ordnungsamtsleiter, zumeist die Stadtrandgebiete ohne Bebauung und die Flächen entlang des Rheins zählen. Dort dürfen Hunde zwar auf den Wegen unangeleint laufen, diese aber nicht verlassen. Das heißt, Stöbern im Gebüsch rechts und links ist verboten.

Anleinpflicht außerhalb der Wege besteht auch in Jagdgebieten. Hier kümmern sich die Jäger um die Hege des Wildes und haben das Recht, wildernde Hunde abzuschießen. Vorsicht ist also geboten, wenn der Hunde dem Reh hinterher läuft. Das ist verboten und kann unter Umständen nicht nur für das Reh tödlich enden. Generelle Anleinpflicht herrscht indes in allen Naturschutzgebieten, da hier der Schutz bedrohter Pflanzen- und Tierarten an vorderster Stelle steht. Auch auf landwirtschaftlichen Flächen müssen Hundehalter besonders auf ihre Tiere achten. „Dort kann der Eigentümer bestimmen, dass die Hunde nicht auf seine Flächen laufen dürfen", sagt Dittmar Czech, der im Ordnungsamt für die Überwachung der Hundehaltung zuständig ist. Die Tiere dürfen keine eingesäten Pflanzen beschädigen oder die Anbauflächen als Hundeklo nutzen.

Generell verboten sind Hunde in einigen städtischen Parks und Grünflächen wie etwa im Botanischen Garten in Riehl, im Forstbotanischen Garten in Rodenkirchen, im Zoo, in den Vogelschauen und Wildparks, auf ausgewiesenen Spiel- oder Liegewiesen, auf Spiel- und Bolzplätzen und auf Friedhöfen. Bei Verstößen drohen Bußgelder bis zu 250 Euro, bei Beschädigung der Anlagen durch den Hund sogar bis zu 500 Euro. „Die Bußgeldverhängung ist immer auch eine Frage des Ermessens", erklärt Tempski, dass im Einzelfall festzustellen sei, welchen Einfluss der Hundehalter auf

Schüffeln ohne Leine ist nur auf den Freilaufflächen erlaubt.

seinen Hund habe. Verstärkte Kontrollen führt das städtische Personal insbesondere in der Brutzeit durch.

Wo der Hund ganz Hund sein darf

„Die Ausweisung von Freilaufflächen ist meist nicht von Dauer" erzählt Tempski davon, dass die Schilder oftmals verschwinden oder übermalt werden. „Das ist bestimmt nicht immer nur Vandalismus", und der Stellvertretende Ordnungsamtsleiter vermutet, dass dahinter wohl oft auch Leute stecken, denen Hunde in der Stadt ein Dorn im Auge sind. Trotzdem gibt es sie, die Kölner Hundefreilaufflächen:

Kölner Norden

Altstadt-Nord: Hansaplatz Adolf-Fischer-Straße/Ecke Gereonswall (1.049 Quadratmeter)

Neustadt-Nord: Innerer Grüngürtel nördlich der Aachener Straße (702 Quadratmeter), Innerer Grüngürtel nordwestlich des Fort X (2.785 Quadratmeter), Innerer Grüngürtel, Herkulesberg (162.416 Quadratmeter), Innerer Grüngürtel nördlich der Aachener Straße (9.264 Quadratmeter)

Nippes: Johannes-Giesbert-Park im nördlichen Parkbereich (22.244 Quadratmeter), Nippeser Tälchen, nördlich des Niehler Kirchweges (18.147 Quadratmeter), Nordpark östlich der Niehler Straße (10.097 Quadratmeter)

Niehl: Industriestraße im Niehler Ei (9.001 Quadratmeter), Industriestraße südöstlich des Niehler Ei (3.053 Quadratmeter plus 4.222 Quadratmeter), Niederländer Ufer bis Promenade östlich des Niederländer Ufers im Bereich der Sportplätze (51.344 Quadratmeter), Promenade Niehler Damm gegenüber der Lachsgasse (1.654 Quadratmeter)

Longerich: Äußerer Grüngürtel zwischen Militärringstraße, Meerfeldstraße und Bielefelder Straße (20.687 Quadratmeter), Äußerer Grüngürtel südlich der Kreuzung Militärringstraße/Neusser Straße (14.453 Quadratmeter), Äußerer Grüngürtel nordwestlich der Ecke Militärringstraße/Mercatorstraße (19.523 Quadratmeter), Äußerer Grüngürtel zwischen der Neusser Landstraße, Militärringstraße und der Kaserne (25.825 Quadratmeter), Heckhofweg - vor dem Heckhof zwischen dem Dädalusring und der Lützlongericher Straße (23.852 Quadratmeter)

Mauenheim: Merheimer Straße zwischen Mauenhaumer Gürtel und Eckewartstraße (6.398 Quadratmeter)

Bocklemünd-Mengenich: Buschweg/Schuhmacherring (44.550 Quadratmeter), ehemalige KVB Trasse zwischen Kurt-Weill-Weg und Ollenhauerring (3.499 Quadratmeter), Nüssenberger Straße ehemalige KVB Trasse zwischen Kurt-Weill-Weg und Ollenhauerring (3.866 Quadratmeter)

Chorweiler: Südlich der Kriegerhof Straße entlang des Weges (11.329 Quadratmeter)

Seeberg: Grünzug östlich der Karl-Marx-Allee (33.687 Quadratmeter)

Heimersdorf: Grünverbindung Willmuther Weg zwischen dem Ölbaumweg und der Barrensteiner Straße (4.954 Quadratmeter)

Lindweiler: Erbacher Weg südlich des Autobahnzubringers (23.120 Quadratmeter)

Kölner Osten

Mülheim: Jan-Wellem-Straße, Stadtgarten nördlich der Kieler Straße (9.763 Quadratmeter)

Stammheim: Fort XII Düsseldorfer Straße nordöstlich des Wolfskaulenkamp (22.655 Quadratmeter)

Dellbrück: Kalkweg (am Aussichtsberg), südlich von Auf dem Flachsacker (65.216

Im Landschaftsschutzgebiet dürfen Hunde nur auf den Wegen frei laufen.

Quadratmeter), Neufelder Straße/Moitzfeldstraße (5.909 Quadratmeter)

Buchheim: Fort XI a, Herler Ring südlich der Gladbacher Straße (9.310 Quadratmeter), Herler Ring nördlich des Gauweges (5.942 Quadratmeter), Merheimer Heide, östlich der Kleingartenanlage (38.629 Quadratmeter)

Höhenberg: Merheimer Heide nahe der Finnentroper Straße (17.449 Qudratmeter), Merheimer Heide, südlich der Kleingartenanlage (14.526 Quadratmeter)

Holweide: Schlagbaumsweg im Bereich der Wichheimer Mühle (20.134 Quadratmeter)

Humboldt-Gremberg: Grünzug Westerwaldstraße gegenüber der Volpertusstraße (8.801 Quadratmeter)

Kalk: Bürgerpark westlich der Peter-Stühlen-Straße (1.123 Quadratmeter)

Ostheim: Herkenrathweg nördlich der Autobahn A 4 (106.970 Quadratmeter), Vingster Ring (Vingster Berg) zwischen der Ostheimer Straße und der Frankfurter Straße (40.922 Quadratmeter)

Merheim: Fort X Nohlenweg fast in der gesamten Grünanlage (86.025 Quadratmeter)

Brück: Flehbachaue zwischen Lehmbacher Weg und Oberer Bruchweg (28.537 Quadratmeter)

Neubrück: Wiese Autobahn zwischen der Hans-Schulten-Straße und der Hermann-

Ehlers-Straße (23.841 Quadratmeter), zwischen Heinrich-Lersch-Straße und Stresemannstraße (6.119 Quadratmeter)

südlich der Waldstraße, entlang der Autobahn (8.879 Quadratmeter)

Wahnheide: Im Winkelfeld Wiese nördlich der Nibelungenstraße (13.196 Quadratmeter)

Zündorf: Rheinanlagen Porz An der Groov (2.114 Quadratmeter), Tulpenweg westlich der Evezastraße (6.924 Quadratmeter)

Kölner Westen

Sülz: Beethovenpark im östlichen Parkbereich (22.543 Quadratmeter)

Lindenthal: Äußerer Grüngürtel zwischen Gleueler Straße und An der Decksteiner Mühle (3.154 Quadratmeter), Äußerer Grüngürtel westlich des Decksteiner Weihers, südlich der Bachemer Straße (22.169 Quadratmeter), Stadtwald zwischen Heinrich Stevens-Weg und der Militärringstraße (98.923 Quadratmeter), Stadtwald westlich der Sportanlagen (13.937 Quadratmeter)

Müngersdorf: Äußerer Grüngürtel zwischen Marathonweg und Lovis-Corinth-Straße (144.831 Quadratmeter)

Stadtbezirk Porz

Westhoven: Weidenweg Poller Grünzug zwischen Rhein und In der Westhovener Aue (192.333 Quadratmeter)

Eil: Fußweg zwischen der Bergerstraße und der Bonner Straße (2.852 Quadratmeter)

Urbach: Auf den Anwenden Rasenfläche zwischen Falkenhorst und dem Autobahnkreuz Flughafen (53.458 Quadratmeter),

Bickendorf: Feltenstraße bis Alter Friedhof östlich der Emilstraße (10.118), Bürgerpark Nord, um die Kleingärten herum (14.938 Quadratmeter), Escher Straße/Robert-Perthel-Straße (64.860 Quadratmeter), südlich der Kreuzung Escher Straße/Äußere Kanalstraße (67.844), westlich der Kreuzung Escher Straße/Äußere Kanalstraße (62.019 Quadratmeter)

Vogelsang: Siedlung nordöstlich des Bachstelzenweges (27.219 Quadratmeter)

Ossendorf: Bürgerpark Nord zwischen Butzweilerstraße und Autobahn (202.954 Quadratmeter), Feltenstraße bis bis Alter Friedhof östlich der Emilstraße (1.827 Quadratmeter)

Neuehrenfeld: Parkgürtel Wöhlerstraße parallel zur A 57 bis Wöhlerstraße (31.655 Quadratmeter), Takufeld Ecke Subbelrather Straße/Äußere Kanalstraße (10.498 Quadratmeter)

Weiden: Grünanlage am Sportzentrum, Grillhütte, (73.229 Quadratmeter)

Kölner Süden

Neustadt-Süd: Friedenspark entlang der Eisenbahn (10.068 Quadratmeter), Hiroshima-Nagasaki-Park südlich Aachener Weiher (25.737 Quadratmeter), Rathenauplatz gegenüber der Synagoge (647 Quadratmeter), Volksgarten im Bereich Volksgartenstraße/Vorgebirgstraße (1.735 Quadratmeter)

Zollstock: Grünzug Süd Raderthalgürtel bis Militärringstraße entlang Leichweg, Höninger Weg (1.193 Quadratmeter), Vorgebirgspark östlich der Nauheimer Straße und Homburger Straße (68.015 Quadratmeter)

Raderthal: Grünzug Süd Raderthalgürtel bis Militärringstraße entlang Leichweg, Höninger Weg (44.326 Quadratmeter)

Bayenthal: westlich des Verbindungsweges zwischen Mathiaskirchplatz und Cäsarstraße (6.842 Quadratmeter)

Marienburg: Äußerer Grüngürtel zwischen Militärringstraße, Zum Forstbotanischen Garten, Konrad-Adenauer-Straße und Autobahn (29.579 Quadratmeter), Kardorfer Straße/Heidekaul, Ecke Raderberggürtel und Brühler Straße bis Sinziger Straße (16.083 Quadratmeter)

Rondorf: Wegeverbindung Zollstocker Weg, Efferenweg, Kalscheurener Straße (46.927 Quadratmeter), Hahnenstraße zwischen Zeisigweg und Hahnenstraße, entlang der Autobahn (16.797 Quadratmeter)

Godorf: nördlich Amselweg zwischen Otto-Hahn-Straße und Godorfer Hauptstraße (6.400 Quadratmeter)

Mit Hund unterwegs im Öffentlichen Personennahverkehr

So klappt's mit dem Hund in der Bahn

Die gute Nachricht zuerst: Hunde dürfen grundsätzlich in den Bussen und Bahnen der Kölner Verkehrsbetriebe (KVB) kostenfrei mitfahren. „Hierbei ist es gleich, ob der Hund auf dem Gang, vor oder unter dem Sitz oder auf dem Schoß des Hundeführenden sitzt", sagt Stephan Anemüller, Pressesprecher der KVB. Einen Anspruch auf einen eigenen Sitzplatz für den Hund gibt es indes nicht.

Voraussetzung für die Mitnahme ist allerdings, dass die Hunde „sachgerecht mitgeführt werden", wie Anemüller erklärt. Das heißt: Hunde müssen an der kurzen Leine geführt werden, damit sie keine anderen Fahrgäste gefährden, etwa durch Zuschnappen oder aber andere Leute Fahrgäste über die Leine stolpern. Ist der Hund unsicher, zeigt schnell Nervosität und bekannt dafür, dass er schnell zubeißen könnte, ist das Anlegen eines Maulkorbes oder einer ähnlichen Sicherung obligatorisch. Diese Verpflichtung ist in den Allgemeinen Beförderungsbedingungen (ABB) des Nahverkehrs in NRW festgelegt. „Entscheidend ist in jedem Fall, wie der Halter mit dem Hund umgeht, denn wenn Probleme entstehen, dann auf dieser Seite der Leine", weiß Anemüller.

Regelungen beim Verkehrsverbund Rhein-Sieg

Auch der Verkehrsverbund Rhein-Sieg (VRS), der auf einigen Kölner Strecken fährt, erlaubt die kostenlose Mitnahme von Hunden, „solange sie unter Aufsicht einer hierzu geeigneten Person stehen", wie es dort heißt. Klar, dass auch hier Hunde, die Fahrgäste gefährden, einen Maulkorb tragen müssen. Generell dürfen die Tiere nicht auf die Sitzplätze.

Nur kleine Hunde fahren kostenlos mit der Deutschen Bahn

Wer einen größeren Hund in der Deutschen Bahn (DB) mitnehmen will, zahlt für ihn den halben Fahrpreis. Nur kleine Hunde (etwa Katzengröße), die in einen Transportbehälter als Handgepäck passen, sind kostenfrei. Dies gilt sowohl für den Normalpreis als auch für die Sparpreise im Fernverkehr. Bei den Länder-Tickets und dem Schönes-Wochenende-Ticket sind Hunde sogar als Erwachsene zu berücksichtigen. Bei internationalen Reisen zahlt man für Hunde hingegen grundsätzlich den Kinderfahrpreis zweiter Klasse.

Hunde fahren kostenlos mit der KVB.

Generell gilt aber, dass es Sitzplatzreservierungen und Online-Tickets zum Selbstausdruck für Hunde nicht gibt. Allerdings kann man sich online gebuchte Fahrkarten für Hunde per Post zuschicken lassen, wenn man angibt, dass ein Kind von sechs bis 14 Jahren ohne Begleitung verreist, empfiehlt die Internetseite der DB. Im Autozug/City Night Line sind Haustiere nur bei Buchung eines Abteils zur alleinigen Nutzung zugelassen. Pro Tier wird ein Pauschalpreis von 30 Euro direkt an Bord erhoben.

Taxi

Hunde werden in Taxis in der Regel kostenlos mitbefördert. Nach Auskunft der Taxi Ruf Köln eG, die 800 Unternehmer mit 1.200 Taxis und etwa 3.000 Fahrern in Köln betreibt, muss man den Hund nur beim Anruf vorher anmelden.

Gassiservice, Huta und Hundepension
Wie sich Hundehaltung und Berufstätigkeit vereinen lassen

Der ideale Hundehalter aus Hundesicht ist mit Sicherheit arbeitslos oder wohlhabend und widmet sich den ganzen Tag seinem vierbeinigen Hausgenossen. Auch ein selbstständiger Hundemensch ist gerade noch zu tolerieren, zumindest, wenn er seine Zeit hundegerecht einteilt. Ein normaler Berufstätiger schneidet jedoch in der Beliebtheitsskala unserer treuen Begleiter schlecht ab und erntet vorwurfsvolle Blicke bei der Heimkehr. Und die sollten auf keinen Fall zu lange dauern. Maximal fünf Stunden, so heißt es, sollten Hunde alleingelassen werden – es sei denn sie sind zu Zweit. Soziale Rudeltiere wie Hunde an fünf Tagen die Woche acht Stunden lang ganz alleine zu lassen, grenzt indes schon an Tierquälerei und lässt sich auch dann nicht mehr gutmachen, wenn ihnen der Rest des Abends gewidmet wird.

Zum Glück haben das die meisten Hundebesitzer und auch viele Unternehmensgründer erkannt. Darum gibt es jede Menge Angebote für berufstätige Hundehalter. Der eine bietet einen Gassi-Service an, der andere eine Hundetagesstätte (Huta), der dritte eine Hundepension oder ein Hundehotel. Was sich ähnlich anhört, beinhaltet jedoch große Unterschiede, nicht nur, was den Preis, sondern auch die Erfahrung der Anbieter angeht. So verdienen sich oftmals auch Schüler und Studenten ein paar Euro mit dem Ausführen von Hunden. Das ist zumindest eine günstige Alternative, man sollte sich aber schon genau davon überzeugen, dass sie auch gut mit den Tieren umgehen.

Darüber hinaus gibt es auch professionelle Gassigeher, die man buchen kann. Sie holen die Hunde Zuhause ab, drehen mit ihnen eine oder mehrere Runden und bringen sie anschließend wieder zurück. Das Tier bleibt die übrige Zeit in seinem gewohnten Umfeld und hat zwischendurch eine schöne Abwechslung. Die Alternative dazu ist die Huta. Das ursprünglich aus den USA stammende Konzept beinhaltet die Betreuung in großen Gruppen mit bis zu 30 Hunden. Die Tiere verbringen ihre Zeit in Häusern mit geräumigen Zimmern, Zwingern oder Gärten. Auch hier gibt es Anbieter, die das Ganze in privatem Rahmen anbieten und wo die Zahl der Hunde zumeist schon durch die Räumlichkeiten begrenzt ist.

Für viele Berufstätige die einzige Möglichkeit, einen Hand in der Satdt zu halten: Hundepensionen

Was für seinen Hund am besten geeignet ist, sollte jeder Hundebesitzer selbst herausfinden. Denn Hunde sind Individuen und sollten im Idealfall auch individuelle Betreuung erhalten. Bei Alexandra Stück, die in ihrem Hundezentrum Alex sowohl eine Huta als auch eine Hundepension anbietet, ist das so. Sie hat nur wenige Hunde in der Tagesbetreuung in Zollstock, wo sie auch ihren Hundefriseursalon betreibt. Dort haben sie ein großes Zimmer zum Toben und gehen regelmäßig mit der ausgebildeten Verhaltenstrainerin spazieren.

Wenn man mal länger weg muss

Der ideale Hundebesitzer fährt natürlich nicht in Urlaub oder wenn doch, dann nur mit Hund. Auch wird er niemals länger krank oder muss gar ins Krankenhaus, in die Kur oder in die Reha. Im normalen Leben lässt sich dieser Hundewunsch natürlich nicht so verwirklichen. Darum sollte man eine Alternative für den Fall haben, dass der Hund einen längeren Zeitraum auch über Nacht ohne Herrchen und Frauchen verbringen muss. Ein befreundeter Hundeliebhaber, der bereit ist, das Tier aufzunehmen und den der Hund bereits kennt, ist da ganz klar die glücklichste Lösung. Steht diese Option nicht zur Verfügung, muss man nach einer Hundepension Ausschau halten. Auch hier gibt es zahlreiche professionelle wie private Anbieter.

Klein, fein und mit Familienanschluss geht es beispielsweise im Hundezentrum Alex zu. In ihrer Hundepension nimmt Alexan-

Bei Alexandra Stück sind die Vierbeiner in guten Händen.

tig ist, dass die Hunde sozialverträglich sind, zudem müssen sie haftpflichtversichert und geimpft sein", listet Stück die Voraussetzungen auf. Sie findet es ideal, wenn nicht zu viele unterschiedliche Hunde aufeinandertreffen.

Maximal zehn zu betreuende Hunde sollte auch hier ein Kriterium für die Auswahl der passenden Hundepension oder des Hundehotels (beides unterscheidet sich nicht wesentlich) sein. Im Idealfall werden die Vierbeiner so gehalten, dass nur diejenigen zusammen untergebracht werden, die sich auch vertragen. Jeder sollte sein eigenes warmes Körbchen, seinen Napf und tagsüber genügend Auslauf und Abwechslung haben. Dass Zwingerhaltung inakzeptabel ist, muss eigentlich nicht extra erwähnt werden.

dra Stück neben ihrem eigenen belgischen Schäferhund nur maximal zwei Hunde auf. Das kostet 30 Euro pro Tag und Hund. „Ich habe schon Anfragen für das nächste Jahr", und sie erzählt, dass sie schon seit dem Frühjahr bis in den Herbst ausgebucht ist. Der längste Gast war ein kleiner Bologneser, der für zwei Monate bei ihr war, da das Frauchen krank war. Die Pensionsgäste haben jeweils ihr eigenes Körbchen und ihr eigenes Futter.

Um Futterneid zu vermeiden, erhalten die Trockenfutter-Kandidaten ihre Ration zumeist bei den Spaziergängen direkt aus der Tüte. Das funktioniert besonders gut bei Hunden, die in fremder Umgebung schlecht fressen, denn bei den Spaziergängen sind sie in der Regel entspannt. „Wich-

Werbung

Der Kölner GassiKönig®

Werner Krause
Geschäftsführung

0221 / 9 84 12 16

51109 Köln

www.gassikoenig.de
gassikoenig@netcologne.de

Vierbeiniger Beifahrer
Der Flug durchs Auto kann böse enden

Hunde sind am glücklichsten, wenn sie mit ihrer sozialen Gruppe zusammen sein können. Wann immer es möglich ist, sollte man seinen Vierbeiner mitnehmen, auch im Auto. Dafür sollte er aber nicht nur ans Autofahren gewöhnt sein, sondern es gibt auch einiges zu beachten. Denn ein ungesicherter Hund kann bei einem Unfall nicht nur selbst verletzt werden, sondern auch für seinen Besitzer zu einem heftigen Fluggeschoss mutieren.

Vier Pfoten auf vier Rädern: Auch hier muss die Sicherheit stimmen

Um dies zu anschaulich zu machen, hat der ADAC einen Crash- Test mit einem Tier-Dummy durchgeführt, Dabei lieferten die Hochgeschwindigkeitskameras dramatische Bilder. Der ungesicherte 22 Kilo schwere Hundedummy flog mit knapp 50 Stundenkilometern ungebremst von der Hutablage nach vorne und traf mit dem rund 25-fachen seines Eigengewichts auf Kopfstütze und Rückenlehne des Fahrersitzes. Dabei schlug er am Kopf des Fahrers seitlich an und beendete seinen Flug an der Windschutzscheibe. Die Aufprallwucht entsprach einem Gewicht von über 500 Kilogramm. Die Folgen für einen echten Hund wären mit Sicherheit tödlich gewesen und auch der Fahrer hätte erhebliche Verletzungen dabei erlitten. .

Herumspringen ist tabu

Abgesehen von den dramatischen Bildern des Crash-Tests sollte das Herumspringen eines Hundes im Auto ohnehin tabu sein. Der Fahrer kann dabei massiv gestört und abgelenkt werden. Nach § 23 der Straßenverkehrsordnung ist der Fahrer sogar ver-

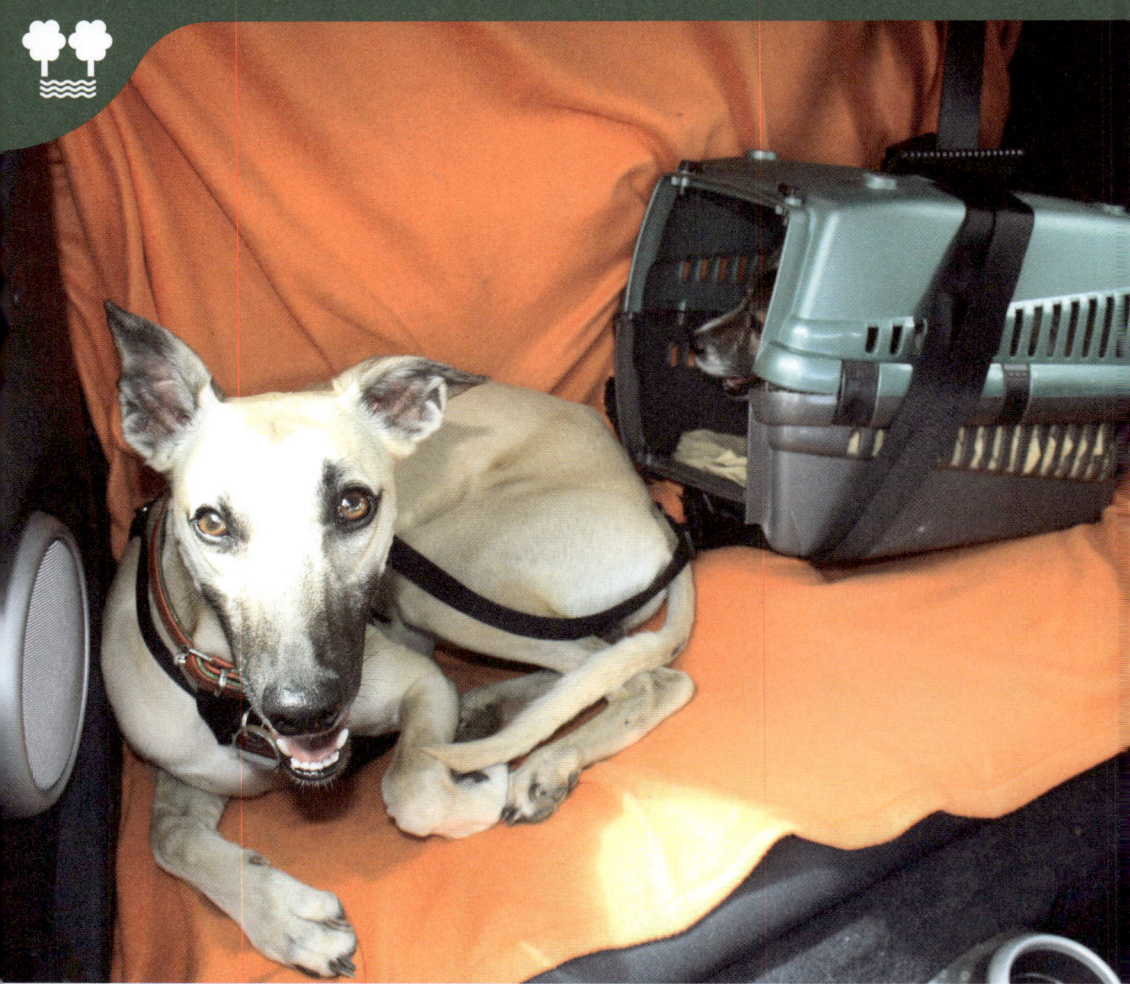
Hunde als Beifahrer sollten ausreichend gesichert sein.

pflichtet, dafür zu sorgen, dass die Verkehrssicherheit des Fahrzeuges durch die Ladung oder die Besetzung (Tiere) nicht beeinträchtigt wird. Bei Nichtbeachtung droht ein Verwarnungs- oder Bußgeld und auch versicherungstechnisch kann das zu Problemen führen.

Trotzdem existieren keine gesetzlichen Prüfvorschriften für Sicherungssysteme für Tiere. Bei der Auswahl ist es aber sinnvoll, auf eine Bestätigung durch Crashtests oder DIN-Prüfungen (DIN75410-2) zu achten. So bietet eine Schutzdecke etwa keine ausreichende Sicherung. Die ist jedoch mit dem (teuren) Tiersicherheitssitz „Doggy Safe" oder den in allen Größen erhältlichen (und wesentlich günstigeren) Hunde-Sicherheitsgurten gegeben. Auch eine Abtrennung im Fahrzeuginnenraum oder für den Laderaum bietet Schutz (weniger für den Hund, aber für den Fahrzeugführer). Gesicherte Transportboxen schützen indes ebenfalls Herr und Hund gleichermaßen.

Städtetrip mit Hund?
In Köln kein Problem

Eine gute Nachricht für alle Städtereisenden: Köln ist hundefreundlich. In den meisten Hotels, Restaurants und Cafés sind die vierbeinigen Begleiter willkommen. Im Hotel Excelsior Ernst etwa erhalten Vierbeiner Körbchen, Spielzeug und Napf für 30 Euro pro Nacht. Auf Wunsch gibt es sogar frisch Gekochtes für sie, sie dürfen jedoch nicht mit ins Restaurant, sondern nur in die Bar.

Gassigünstig am Rheinufer gelegen ist das Maritim Hotel, in dem Hunde für zehn Euro pro Nacht mit ins Zimmer dürfen. Hier dürfen sie auch ins Restaurant und in die Bar. Im Hotel Dorint an der Messe, das ebenfalls nur wenige Meter vom Rhein entfernt liegt, und wo es viele Wiesen zum Toben gibt, erhalten Hunde Leckerlis, Schälchen und Decken für elf Euro pro Nacht und sind gern gesehene Gäste im Restaurant und an der Bar. Zu den weiteren hundefreundlichen Hotels zählen das Barcelo Cologne City Center, das Lindner Hotel Dom Residence, das Best Western Premier Hotel Park Consul, das Mercure Hotel Köln Junkersdorf am Stadion, das Hotel Silencium, das Radisson Blu Hotel, das Senats Hotel, das Hyatt Regency und das TOP Hotel Königshof.

Auch in den meisten Kölner Cafés und Restaurants sind Hunde willkommen. Zu den besonders hundefreundlichen gehören „Em Krützche" direkt am Rhein, „Örgelchen", die „Schäl Siek Bar", die zum Hyatt Hotel gehört, und „Im Rauchfang".

Sightseeing mit Hund

41 Quadratkilometer Grünfläche zeichnen die Stadt Köln aus. Hunde sind hier in den meisten Fällen herzlich willkommen – auf über 80 ausgewiesenen Hundefreilaufflächen sogar ohne Leine. Auch ein Ausflug an das Rheinufer ist kein Problem: Auf den Rheinwiesen vor dem Niehler Hafen können Hunde sich frei bewegen, während ihre Herrchen andere Hundebesitzer treffen.

In geschlossenen Räumen wie Museen oder dem Dom sind die Vierbeier indes nicht erlaubt. Auch nicht im Zoo, im Botanischen Garten, im Forstbotanischen Garten, in den Vogelschauen und Wildparks oder in der Seilbahn. Wer trotzdem nicht auf einen Besuch verzichten möchte, findet leicht qualifizierte Hundesitter – eventuell sogar im eigenen Hotel.

Alle Kölner Sehenswürdigkeiten unter freiem Himmel wie der Heinzelmännchen-

Hunde dürfen sich die Kölner Sehenswürdigkeiten von außen anschauen.

Brunnen, die Altstadt und die Stadttürme dürfen auch mit angeleintem Hund besucht werden. Bei den öffentlichen Stadtführungen von KölnTourismus sind Hunde ebenfalls gern gesehen, da die Sehenswürdigkeiten nur von außen besichtigt werden. Der Hund sollte aber vorher mit angemeldet werden.

Mehr Infos

KölnTourismus GmbH
Kardinal-Höffner-Platz 1
50667 Köln
E-Mail: info@koelntourismus.de
Telefon: 02 21/221 - 304 00
Web: www.koeln-tourismus.de

Web: www.stadthunde.com/koeln.html
Web:
www.reisen-mit-hund.org/hotel-hund.php

Fährst du mit?
Urlaub mit Hund

Ob man Zuhause seinen Urlaub verbringt oder verreist, das ist Hunden egal. Hauptsache ist, dass sie mit Herrchen oder Frauchen zusammen sind. Einzig Flugreisen sind gerade für größere Rassen eine große Belastung, da sie in engen Transportboxen alleine im Bauch eines unbekannten Flugobjektes ausharren müssen. Nur Hunde bis zu acht Kilo dürfen im Handgepäck mit in die Kabine genommen werden. Darum sind andere Verkehrsmittel dem Hund zuliebe sicher vorzuziehen.

In den meisten Camping- und Hotelführern steht, ob Hunde willkommen sind. Bei Auslandsreisen sollte man sich auch über die Einreisebestimmungen des Landes informieren. Dabei helfen die meisten Tierärzte. Eine Tasche für den Hund sollte ein paar wichtige Dinge enthalten:

- Impfpass, Gesundheitszeugnis, EU-Heimtierausweis
- Leine und Halsband (mit Namenskärtchen und Urlaubs- sowie Heimatadresse), „Gassi-Set" oder Plastiktüte, Papier, Maulkorb
- Futter, Leckerlis, Fress- und Trinknapf, Dosenöffner und Löffel
- Spielzeug, Kauknochen, Hundekorb oder –decke
- Bürste, Kamm, Floh- und Zeckenhalsband und -spray, Augen- und Ohrentropfen, Pinzette, Mittel gegen Durchfall

Egal, wohin es in den Urlaub geht: Dabeisein ist für Hunde alles.

Wenn der Hund nicht mit kann

Unglaublich aber wahr: noch immer werden jedes Jahr in den Sommermonaten tausende Haustiere ausgesetzt, wie der Deutsche Tierschutzbund in einer aktuellen Pressemitteilung verlauten lässt. Demnach wurde in Berlin im Sommer 2013 ein erst wenige Wochen alter Husky-Welpe an der Autobahn ausgesetzt und mit zwei gebrochenen Beinen aufgefunden. Wie durch ein Wunder überlebte das Tier und wird nun im Tierheim versorgt.

Darum appelliert der Deutsche Tierschutzbund an Tierfreunde, das Haustier bei der Urlaubsplanung miteinzubeziehen oder sich

Toben am Strand

rechtzeitig um eine geeignete Betreuung zu kümmern. Schließlich ist das Aussetzen von Tieren eine Straftat, die mit einer Geldbuße von bis zu 25.000 Euro geahndet werden kann. Allein in den wenigen Ferienwochen werden in den Tierheimen, die dem Deutschen Tierschutzbund angehören, bundesweit knapp 70.000 Tiere neu aufgenommen.

Aus diesem Grund hat der Verband die Urlaubsaktion „Nimmst du mein Tier, nehm' ich dein Tier" ins Leben gerufen. Bis September können sich Tierbesitzer bei der Urlaubshotline des Verbandes melden und so erfahren, welcher Tierschutzverein in der Nähe hilft. Die Tierschutzvereine wiederum bringen Tierhalter zusammen, die sich während des Urlaubs im Wechsel um die vierbeinigen Lieblinge kümmern. Und auch Menschen, die kein Tier haben, betreuen vorübergehend eins.

Urlaubshotline des Deutschen Tierschutzbundes

Die Hotline ist erreichbar unter 02 28/604 96-27 (Mo-Do 9-17 Uhr; Fr 10-16 Uhr). Hier werden auch allgemeine Fragen rund um das Thema „Tiere und Urlaub" geklärt. Es gibt Tipps zur Beurteilung einer Tierpension, Länderhinweise und Antworten auf die häufigsten Fragen:

www.tierschutzbund.de/urlaubs-hilfe.html

Deutscher Tierschutzbund e.V.
Baumschulallee 15
53115 Bonn
Tel.: 02 28/604 96 24
Web: www.tierschutzbund-spenden.de

Gegen Zecken und Milben ist ein Kraut gewachsen

Prophylaxe besonders bei Reisen in südliche Länder

„Impfen Sie Ihre Hunde", empfiehlt René Hendricks. Der Tierarzt, der zusammen mit seiner Kollegin Dr. Miriam Golestan die Kleintierpraxis Fell & Feder betreibt, rät insbesondere bei Reisen in Mittelmeer- oder Ostblockländer zur Prophylaxe. Denn Zecken, Sandfliegen und Sandmücken können insbesondere in südlichen Ländern zur erheblichen Bedrohung für Leib und Leben von Hunden werden. Denn sie übertragen Krankheitserreger, die die gefährlichen Mittelmeer-Krankheiten wie Leishmaniose, Babesiose und Ehrlichiose auslösen.

„Man kann nur gegen Leishmaniose impfen", erklärt Hendricks und rät, zur Verhinderung der anderen Infektionen zu Repellentien zu greifen. Das sind Substanzen, die aufs Fell aufgetragen werden, um den Stich von Mücken, Zecken oder andere Ektoparasiten wie Läusen, Flöhen, Milben und Haarlingen zu verhindern. Die Sie stehen in Form von Spot-On-Präparaten oder Halsbändern, die zwei bis vier Wochen halten, zur Verfügung. „So kann verhindern werden, dass der Hund sich infiziert", sagt er und zählt die besonders gefährlichen Regionen auf. Dazu gehörten der gesamte Mittelmeerraum, Südfrankreich, der Balkan, Rumänien, Bulgarien und das Schwarze Meer. Dort besteht auch die Gefahr, dass sich die Hunde die gefährlichen Lungen- und Herzwürmer einfangen. „Darum sollte man Hunde unbedingt nach dem Urlaub entwurmen", rät Hendricks.

Die Nebenwirkungen, die die chemischen Präparate bei Hunden verursachten könnten, hält der Tierarzt angesichts der schlimmen Krankheiten, für gering. Es könne schon mal zu Hautirritationen kommen. Die einzigen Hunderassen, die diese chemischen Präparate wegen eines Gendefektes nicht vertrügen, seien Collies und Collie-Mischlinge. Diese könnten schon mal Vergiftungserscheinungen aufweisen, sagt er. Trotzdem müsse man immer abwägen zwischen dem Risiko einer lebensbedrohenden Erkrankung und seltenen Nebenwirkungen. Während nämlich Leishmaniose unheilbar ist, können die durch Zecken übertragenen Krankheiten wie Barbesiose und Ehrlichose zwar mit Antibiotika behandelt werden, aber un-

Ein neuer Spray ohne Chemie soll Ungeziefer fernhalten.

Wer wegen seiner kleinen Kinder oder aus Eigenschutz – man darf den Hund nach der Behandlung mit Repellentien 12 Stunden nicht anfassen – auf die chemische Keule verzichten möchte, kann zu pflanzlichen Mitteln greifen. So hat etwa die Firma Inuvet Hundegesundheit GmbH aus Lörach ganz neu einen Spray mit dem Namen „Inuzid" entwickelt. Das Unternehmen ist so überzeugt von der Wirksamkeit, dass es eine Rücknahmegarantie bietet, wenn trotzdem Zecken den Hund befallen. Erhältlich ist das nur aus natürlichen Wirkstoffen bestehende und geruchsneutrale Produkt nur ausschließlich beim Tierarzt. Der einzige Nachteil ist, dass man den Hund alle drei Tage aufs Neue damit einsprühen muss. Die Autorin kann die Wirksamkeit des Sprays eindeutig bestätigen.

entdeckt zum Tod führen. Auch die ebenfalls von Zecken übertragenen Borrelien könnten erhebliche Schäden im Organismus des Hundes verursachen, zählt Hendricks die inzwischen fünf bis acht Zeckenarten auf, die zunehmend auch in Deutschland beheimatet sind.

Köln steckst du locker in die Tasche:

Tausende Hunde-Orte in ganz Deutschland in einer App!

KOSTENLOS

Dog's Places
Die besten Plätze für deinen Hund.

Mit Dog's Places „erschnüffelst" du die besten Plätze in deiner Stadt für dich und deinen Hund – und teilst sie mit anderen Hundefreunden! Kostenlose App für Android und iPhone!

EIN PROJEKT VON
melting elements

www.dogsplaces.de

Die Hundenanny von nebenan

Das Start-Up Leinentausch vermittelt persönliche Betreuung für Hunde

Arbeiten und die Bedürfnisse des Hundes erfüllen? Wer nicht gerade das Glück hat, seinen Hund mit ins Büro nehmen zu können, steht vor einer echten Herausforderung. Das spürte auch Vanessa Lewerenz-Bourmer. Nachdem sie mit Mann und Hunden nach Berlin gezogen war, suchte sie lange nach einer guten Betreuung für ihre beiden Vierbeiner – ohne wirklichen Erfolg. Was tun? Im Juli 2013 gründete sie Leinentausch, eine Plattform bei der Hundehalter eine Betreuung für die Zeit buchen können, in der sie ihren Vierbeiner selbst nicht artgerecht versorgen können. Das Angebot reicht von Gassi-Services über die Betreuung während der Arbeitszeit, bis hin zur klassischen Ferienbetreuung mit Übernachtung. Vanessa Lewerenz-Bourmer möchte „Hundehalter nicht dazu ermutigen, ihren Hund ‚abzugeben', sondern eine Lösung für ein existierendes Problem bieten", wie sie sagt. Denn „welcher junge Mensch kann schon voraussehen, wie es beruflich in 2, 4 oder 10 Jahren aussieht? Wenn wir alle auf den perfekten Zeitpunkt zur Hundehaltung warten würden, würde es immer weniger Hundehalter geben."

Wie Leinentausch funktioniert

Auf der Plattform können sich Hundesitter und Hundehalter registrieren und je nach Bedarf zusammenkommen. Hundesitter machen Angaben zu ihrem Wohnumfeld und dazu, ob bereits Artgenossen vorhanden sind. Die Hundehalter füllen einen Fragebogen zu ihrem Hund aus, wo zusätzlich zu Rasse, Alter und Geschlecht 12 Eigenschaften abgefragt werden, beispielsweise: Ist der Hund verträglich mit Artgenossen, mit Katzen und mit Kindern? Wieviel Temperament hat er oder hat er gar Verlassensängste? „Was für den einen Sitter absolut irrelevant sein mag, ist bei einem anderen ein absolutes Knockout-Kriterium." Anhand des Hundeprofils können die Hundebetreuer auf einen Blick einschätzen, ob der Gasthund in ihr persönliches Lebensumfeld passt. Damit bietet Leinentausch dem Hundehalter gleichzeitig die Gewissheit, dass der Hundesitter weiß, wo

Leinentausch Gründerin Vanessa Lewerenz-Bourmer mit ihrem ehemaligen Straßenhund „Filou".

rauf er sich einlässt. „Kein Hund ist wie der andere und auch Hundesitter haben ihre persönlichen Vorlieben, so dass wir bisher jeden Hund unterbringen konnten."

Bei Leinentausch sind – vom Laien bis zum professionellen Hundetrainer – alle Erfahrungslevel vertreten. „Wir prüfen in einem Interview, ob die Einstellung stimmt", erzählt die Gründerin. Wer also komplett daneben liegt und nicht über die notwendige Sachkenntnis verfügt, wird nicht freigeschaltet. „Sicherheit ist uns ein Herzensanliegen, deswegen verifiziert Leinentausch auch die Kontaktdaten und die Personalausweise der angehenden Hundebetreuer." Mittelfristig wird über ein Weiterqualifizierungskonzept für die Betreuer nachgedacht – so Lewerenz-Bourmer, die selbst eine Ausbildung zur Hundetrainerin (IHK/BHV) absolviert.

Familienanschluss

Eine Hundebetreuung über Leinentausch ist immer eine Betreuung mit Familienanschluss. So wie bei Jennifer Miksch, 26, die mit Hunden aufgewachsen ist. Gerne würde sie wieder einen Hund haben. Das Hundesitting bei leinentausch.de war dann der Kompromiss mit ihrem Freund. Für 14 Tage hat sie Mischlingsdame Paula bei sich aufgenommen. Für 23 Euro pro Tag, was preiswerter ist als viele Hundepensionen. Ihren Preis legt sie im Profil auf der Plattform selbst fest. Für Miksch sind es 14 glückliche Tage. Einer fremden Person den eigenen Hund zu überlassen, ist natürlich eine absolute Vertrauensfrage. Deswegen empfiehlt Lewerenz-Bourmer die Suche nach einem Hundebetreuer frühzeitig anzugehen. In der Regel gibt es immer ein erstes gemeinsames Kennenlernen, verbunden mit einer Gassirunde, um zu prüfen ob die Chemie zwischen Hund und Betreuer stimmt. Bei Ferienbetreuungen – wie im Fall von Paula – gab es sogar eine Probeübernachtung. Das Frauchen von Paula war sehr beruhigt, als Paula am Abgabetag freudig wedelnd die Treppe hinaufstürmte und gleich wusste, zu welcher Tür sie muss. Da fiel die Trennung dann nicht mehr ganz so schwer.

Leinentausch

Web: www.leinentausch.de
Mail: kontakt@leinentausch.de

Gesetz & Ordnung
Politik & Soziales

Vorschriften regeln das gesellschaftliche Leben – nicht nur von Menschen, sondern vor allem auch von Hundemenschen. Durch verantwortungslose Hundehalter sind die Gesetze sehr streng geworden und scheren alle über einen Kamm. Daraus entsteht so manches Problem, für das es nicht unbedingt eine Lösung gibt. Darum müssen sich Hundehalter mit Gesetz und Ordnung auseinandersetzen. Wie das aussieht, liest man hier. Aber auch die andere Seite der Medaille, nämlich, wie gut Hunde für Menschen sein können, wird in diesem Kapitel beleuchtet. Und dass auch Tiere bedürftig werden können, ist ebenfalls ein Thema.

Geahndet und überwacht – Kölner Kampfhunde
Von gesetzlichen Vorschriften und Statistiken

Nicht überall sind Hunde erlaubt.

„In den letzten Monaten musste das Amt für öffentliche Ordnung der Stadt Köln viele illegal angeschaffte sogenannte Kampfhunde sicherstellen, für deren Haltung die Besitzer keine Erlaubnis hatten. Die Stadt Köln nimmt dies zum Anlass, noch einmal auf das in Nordrhein-Westfalen seit dem Jahr 2003 geltende Landeshundegesetz hinzuweisen", heißt es auf der städtischen Internetseite. Dort verweist sie auch auf das Zucht- und Einfuhrverbot für Pitbullterrier, Staffordshire Bullterrier, American Staffordshire Terrier und Bullterrier sowie deren Kreuzungen. Das gelte auch für Hunde, deren Gefährlichkeit im Einzelfall festgelegt wurde

Für die Haltung dieser Rassen, von denen laut dem stellvertretenden Ordnungsamtsleiter Hubertus Tempski derzeit 430 in Köln gemeldet sind, ist eine ordnungsbehördliche Haltungserlaubnis erforderlich. Die wird aber wegen des bestehenden Zuchtverbotes bei einem persönlichen Eignungsnachweis nur dann erteilt, wenn der Hund nachweislich aus einem Tierheim oder einer ähnlichen Einrichtung stammt. Zu beachten ist zudem, dass die Tiere grundsätzlich nur einzeln ausgeführt werden dürfen und das nur von Personen über 18 Jahren. Zudem muss man immer den Sachkundenachweis dabei haben.

Eine Haltungserlaubnis benötigen auch die 500 gemeldeten, so genannten „gefährlichen Hunde". Dazu zählen American Bulldog, Rottweiler, Alano, Dogo Argentino, Mastiff, Bullmastiff, Mastino Napolitano, Mastino Espanol, Fila Brasileiro, Tosa Inu oder deren Kreuzungen. Für diese Rassen besteht zwar kein Zuchtverbot, aber nach dem Landeshundegesetz Nordrhein-Westfalen eine ausnahmslose Anlein- und Maul-

Hubertus Tempski, der stellvertretende Ordnungsamtsleiter, informiert über die Vorschriften.

korbpflicht. Frei laufen dürfen sie nur im abgeschlossenen Garten und auf ausgewiesenen Hundefreilaufflächen. Im Jahr 2012 gab es 546 Verstöße gegen diese Vorschrift und es wurden 512 Verwarnungen ausgesprochen. Insgesamt wurden 34 Bußgelder verhängt und 21 Hunde sichergestellt, wie der im Ordnungsamt für die Hundehaltung zuständige Dittmar Czech mitteilt.

Darüber hinaus müssen Hundehalter ihre Hunde dem Ordnungsamt melden, wenn sie ausgewachsen eine Schulterhöhe von mindestens 40 Zentimetern oder ein Gewicht von 20 Kilogramm erreichen. Und das unabhängig von der Hundesteueranmeldung. Die Halter müssen einen Sachkundenachweis durch einen amtlichen Tierarzt oder Sachverständigen erbringen. Alternativ dazu kann aber auch der Nachweis einer mindestens dreijährigen Haltung großer Hunde dienen.

Derzeit sind in Köln 7.100 von ihnen gemeldet, Tempski vermutet aber eine Dunkelziffer von 20 bis 30 Prozent. Grundsätzlich sind für alle diese Hunde auch der Nachweis einer Haftpflichtversicherung und die Kennzeichnung durch einen Mikrochip verpflichtend.

Wenn Hunde zubeißen, liegt es oft an falscher Erziehung

„Das Problem ist, dass die Hundehalter nicht in die Hundeschule gehen", meint Temp-

ski, dass es bei den Tieren nicht unbedingt schwarz und weiß gebe, wie er es ausdrückt. Oft sei falsche Erziehung das Problem. „Der Gesetzgeber hat sich nun einmal dafür ausgesprochen, dass auch in Großstädten Hunde gehalten werden dürfen", wundert er sich persönlich darüber, dass manchmal sogar drei bis vier große Hunde in einer 50 Quadratmeter Wohnung gehalten würden. „Das kann nicht artgerecht sein", meint er. Trotzdem gehe es den Tieren gut, erzählt Czech wiederum von den auf Hinweise von der Nachbarschaft durchgeführten Kontrollen.

Gefragt nach der Kölner Beißstatistik berichtet er, dass diese mitnichten von den so genannten gefährlichen Rassen angeführt werde, sondern auch schon mal von normalerweise harmlosen Labradoren. „Das ändert sich jedes Jahr und hängt sicherlich auch mit der großen Anzahl der gehaltenen Tiere dieser Rassen zusammen", meint der städtische Hundefachmann. So gab es in 2012 von 5.677 großen Hunden (zu denen die Labradore zählen) 49 Beißvorfälle mit Verletzungen anderer Tiere und 14 mit Verletzungen von Menschen.

An zweiter Stelle stehen die Schäferhunde in der Kölner Beißstatistik. Bei 335 gemeldeten Tieren gab es 13 Beißvorfälle bei anderen Tieren und vier bei Menschen. Das ist mehr als doppelt so viel als bei den als gefährlich eingestuften 202 Rottweilern, die an dritter Stelle in der Beißstatistik stehen. Sechs Mal bissen sie bei anderen Tieren zu, zwei Mal beim Menschen. Bei den verbotenen Rassen waren die insgesamt 171 American Staffordshires an drei Vorfällen mit anderen Tieren und einem mit einem Menschen beteiligt.

Sachkundenachweis und Wesenstest

In Nordrhein-Westfalen ist ein Sachkundenachweis, auch Hundeführerschein genannt, Voraussetzung für das Halten so genannter 20/40-Hunde und Hunde bestimmter Rassen. Der Fragenkatalog beinhaltet 110 Fragen in den drei Themenkomplexen Hundeerziehung (Teil A), medizinische Grundlagen (Teil B) und rechtliche Grundlagen (Teil C). Von 30 Multiple-Choice-Fragen müssen 20 richtig beantwortet werden, um die Prüfung zu bestehen.

Bei einer Prüfung durch zugelassene Tierärzte in Nordrhein-Westfalen wird ein davon abweichender Fragenkatalog verwendet, der insgesamt 80 Fragen umfasst.

Der Wesenstest oder die Verhaltensprüfung wird bei Hunden bestimmter Rassen durch anerkannte Sachverständige oder das Veterinäramt durchgeführt, entweder wenn es Auffälligkeiten gab oder aber der Halter den Hund von der generellen Anlein- und Maulkorbpflicht befreien lassen möchte. Voraussetzung dafür ist wiederum der Sachkundenachweis des Halters.

Geprüft werden der Gehorsam des Hundes und das Verhalten bei Kontakt mit Personen in Bewegung wie Joggern und Radlern, die auch in engen räumlichen Kontakt zum Hund treten. Das Verhalten bei Konfrontation mit unerwarteten Dingen wie Aufspannen eines Schirmes oder Geräuschen wie Geschrei ist ebenfalls Prüfungsbestandteil und nicht zu vergessen das Verhalten im Straßenverkehr, der Kontakt mit anderen, auch gleichgeschlechtlichen Hunden und des angebundenen Hundes ohne den Halter in normalen Situationen mit fremden Personen und Hunden.

Immer Ärger mit der Steuer
Wie die Stadt Hunden auf die Schliche kommt

In Köln sind aktuell 32.000 Hunde gemeldet. Bei einer Einwohnerzahl von über 1,02 Millionen Menschen hat jeder 32. Einwohner einen Hund. Das ist bei einem Hundesteuersatz von 156 Euro (ermäßigt 60 Euro) eine gute Einnahmequelle für den städtischen Haushalt. So ist es nicht verwunderlich, dass die Stadt das auch regelmäßig kontrolliert. „Wir haben unseren Außendienst aufgestockt", erzählt Josef Rainer Frantzen davon, dass seither die Anmeldezahlen um gute 5000 gestiegen seien. „Die Zahlen betrugen sonst immer so um die 25.000 bis 26.000" führt der Leiter des Kassen- und Steueramtes weiter aus.

Mit Schwerpunktkontrollen in Gebieten, wo viele unangemeldete Hunde vermutet werden, versucht das Steueramt den Steuersündern auf die Schliche zu kommen. Dazu kontrolliert der Außendienst nicht nur, ob die Hunde, die in der Stadt unterwegs sind, eine gut sichtbare gültige Hundemarke tragen, sondern führt in den Bezirken Kontrollen an Wohnungstüren durch. „Manchmal melden auch Nachbarn die Hunde", sagt Frantzen und berichtet davon, dass nach den Schwerpunktkontrollen zumeist die Zahl der Hundeanmeldungen ansteige.

Kein Kavaliersdelikt

Aber auch, wer aus Angst vor Entdeckung eben noch schnell seinen Hund anmelden möchte, ist damit nicht aus dem Schneider. „Wir gehen dem nach", sagt der Steueramtsleiter, dass in solchen Fällen kontrolliert wird, wie lange der Hund schon bei seinem Besitzer lebt. Denn die Hunde werden mindestens fünf Jahre nachveranlagt. Da kann

Das Steueramt kommt unangemeldeten Hunden auf die Schliche.

dann schon mal schnell ein erkleckliches Sümmchen zusammenkommen, denn laut Frantzen gibt es bei einer Steuerhinterziehung keine Verjährung. Da es sich um den Tatbestand einer Ordnungswidrigkeit handelt, werden zudem noch Bußgeldverfahren eingeleitet und Verspätungszuschläge erhoben. Bis zu 1.000 Euro kann das Bußgeld betragen, wobei Frantzen einräumt, dass es hier einen Ermessensspielraum gibt. „Das ist individuell vom Einzelfall abhängig", erklärt er.

Teure Hinterlassenschaften
Ein Haufen Probleme im Kölner Stadtgebiet

Hunde polarisieren. Sie sind einerseits die engsten Vertrauten und Begleiter des Menschen, andererseits haben aber auch viele Menschen Angst vor ihnen oder ärgern sich über uneinsichtige Hundehalter. Hunde, die nicht angeleint sind oder Hunde-

Auf frischer Tat ertappt. Bleibt die Hinterlassenschaften liegen, kann es teuer werden.

kot auf Gehwegen, in Grünanlagen, auf Kinderspielplätzen sind die Hauptgründe für Auseinandersetzungen zwischen Hundehaltern und anderen Menschen.

In Köln landen täglich laut der Stadt rund acht Tonnen Hundekot auf Straßen und Wegen. Im Jahr 2012 wurden aber nur 53 Fälle geahndet, 34 Bußgelder und 19 Verwarngelder verhängt, wie Dittmar Czech vom Ordnungsamt mitteilt. „Das Problem ist, die Verursacher auf frischer Tat zu ertappen", erzählt sein Chef, der stellvertretende Ordnungsamtsleiter Hubertus Tempski. Oftmals riefen zwar Bürger an und beschwerten sich, wenn sie sähen, dass der Hundekot nicht weggemacht würde. „Ich sage dann immer, dass sie bereit sein müssen, als Zeuge auszusagen und sich schriftlich melden sollen", erzählt Czech, dass dazu aber zumeist keiner bereit ist. Die Bußgelder für die Verunreinigung betragen jedenfalls je nach Örtlichkeit zwischen 35 und 500 Euro. Letzteres gilt insbesondere bei Hinterlassenschaften auf ausgewiesenen Spiel- und Bolzflächen.

Spricht ein Mitarbeiter einen Hundehalter auf einen Verstoß an, gehe oftmals die Post ab, erzählt Tempski. Das gehe sogar so weit, dass es in mindestens zwei Fällen Ermittlungsverfahren gegen die städtischen Kontrolleure wegen des Vorwurfs der Nötigung gebe. „Die Leute wollen immer, dass wir für Ordnung sorgen und in das Stadtgeschehen eingreifen, aber in solchen Fällen hört der Spaß

Dittmar Czech kümmert sich im Ordnungsamt um alle Belange zum Thema Hunde.

dann auf", äußert der stellvertretende Ordnungsamtsleiter sein Unverständnis darüber, dass solche Verfahren überhaupt aufgenommen werden. Seine Mitarbeiter wären dann natürlich dazu auch nicht mehr bereit. „Da tut sich ein großes Spannungsfeld auf", sagt er.

120 Hundekottütenspender im Stadtgebiet

Im Stadtgebiet ist jeder Hundehalter verpflichtet, die Hinterlassenschaft seines Hundes zu entfernen. Und das gilt überall: auf Wiesen, auf Hundefreilaufflächen und ganz besonders auf den Seitenstreifen der Straßen, egal ob grün, sandig oder befestigt. Es gibt eine einzige Ausnahme: Auf dicht mit Bäumen oder Sträuchern bewachsenen Flächen darf der Hundekot liegen bleiben.

Im gesamten Kölner Stadtgebiet gibt es 120 Hundekottütenspender. Ist keiner in der Nähe, leistet eine handelsübliche Plastiktüte oder ein Hundekotbeutel aus dem Fachhandel gute Dienste. „Einfach die Tüte überstülpen, Haufen aufnehmen und die Tüte verknoten. Einen Abfallbehälter finden Sie an jeder Straßenecke", wirbt die Stadt auf ihrer Internetseite um Einsicht der Hundehalter. Die scheint indes sogar zuzunehmen, denn wie Czech berichtet, häufen sich die Fälle, in denen die Tüten benutzt werden. Die für die Entfernung des Hundekots zuständigen Abfallwirtschaftsbetriebe (AWB) werden noch weitere Hundekottütenspender aufstellen.

Wie Hunde Menschen helfen

Zu Besuch bei Demenzkranken

Drei Wochenenden, 40 Stunden und 120 Euro müssen alle investieren, die mit ihrem Hund sinnvoll ihre Freizeit gestalten und anderen Menschen helfen wollen. „4 Pfoten für Sie" ist der Name eines Projektes der Alexianer Köln. Die wiederum betreiben seit 1908 das 175 Betten starke Alexianer-Krankenhaus in Porz als Fachkrankenhaus für Psychiatrie, Psychotherapie und Neurologie. Dazu gehören auch Gerontopsychiatrie und Suchterkrankungen.

Zu Besuch bei Demenz- oder Psychisch-Kranken sind die Teams von „Vier Pfoten für Sie".

„4 Pfoten für Sie" wurde im Rahmen der Landesinitiative Demenz-Service NRW durch die Arbeit des seit 2005 in Trägerschaft der Alexianer befindlichen Demenz-Servicezentrums Region Köln und das südliche Rheinland initiiert. Zuständig für die Koordination ist die Diplom Sozialarbeiterin und Altenpflegerin Änne Türke als Projektleiterin. Sie je zur Hälfte beim Demenz-Servicezentrum und beim Projekt beschäftigt und organisiert den Besuch der geschulten Hund-Mensch-Teams.

Aktivierung und Erinnerungsarbeit

„Wir verfolgen das Ziel, Menschen mit Demenz den Kontakt zu Tieren zu ermöglichen", erzählt die Sozialarbeiterin. Das soll sich positiv auf die Lebensfreude und die Lebensqualität der Betroffenen auswirken, denn Streicheln, Bürsten, Spielen, Füttern regen Erinnerungen und Gefühle an. Menschen mit Demenz können so leichter mit ihrer Umwelt in Kontakt treten. Dabei

Kinder Zugang zu Tieren zu verschaffen, ist das Ziel von „Helfer auf vier Pfoten".

ist laut Türke nichts vorgegeben und jeder Besuch wird entsprechend den Bedürfnissen des Erkrankten gestaltet. Dazu können auch Spaziergänge gehören.

„Rund 75 Prozent der Demenz-Kranen werden zu Hause von Angehörigen betreut", und Türke berichtet davon, dass die Besuchteams den Familien eine stundenweise Entlastung im Alltag ermöglichen und „Die Kosten für den Besuchsdienst können über die Pflegekasse abgerechnet werden". Es handelt sich um 20 Euro pro Stunde, die wiederum der Projektarbeit zufließen. Immer mehr Kölner Hundebesitzer wollten ihre Freizeit gerne sinnvoll zusammen mit ihrem Hund gestalten, sie erzählt, dass sich verstärkt auch jüngere Menschen mit ihren Tieren bei ihr meldeten.

Jede Rasse ist geeignet

In den Qualifizierungskursen wurden bereits 55 Teams auf diese Aufgabe vorbereitet. Einmal jährlich wird ein neuer Kurs in Köln und Bergheim und zukünftig auch in Hamburg durchgeführt. Im aktuellen Kurs in diesem Jahr gibt es 19 Teilnehmer, die lernen, wie sie ihren Hund einsetzen können und was eine Demenzerkrankung überhaupt bedeutet. In einem Praxiswochenende lernen die Tiere, die beim Unterricht sonst nicht mit dabei sind, einen Rollstuhl, einen Rollator und Gehstöcke kennen. „Die einzige Voraussetzung, die Hunde erfüllen müssen, sind dass sie menschenfreundlich und einen Grundgehorsam beherrschen", sagt Türke. Sie müssen mindestens 18 Monate alt sein, eine Impfbescheinigung

nachweisen und einmal jährlich einen Gesundheitstest absolvieren. Rassebeschränkungen gibt es indes nicht.

Die Anpassungsfähigkeit und das Spektrum an Beschäftigungen von Hunden bieten den Vorteil, dass sich die Besuche an den individuellen Bedürfnissen und Fähigkeiten der Menschen orientieren können. Dazu können auch Spaziergänge gehören. Im Vorfeld wird jeweils das passende Besuchsteam für den Demenzerkrankten ermittelt. Dabei geht es vor allen Dingen um biografische Vorlieben (großer oder kleiner Hund), Möglichkeiten und Wünsche der Beschäftigung.

Türke hat mit ihrer Halbtagsstelle im Demenzzentrum Beruf und Hobby miteinander verbunden und führt selbst auch Besuchsdienste durch. „Manchmal übernehmen wir auch Sonderaufgaben", erzählt sie von der Anfrage von der Mutter eines krebskranken Jungen, der sich den Besuch eines Hundes wünschte. Die große Nachfrage kann durch die jährlichen Neuschulungen weitestgehend gedeckt werden.

Mehr Infos

Alexianer Köln GmbH, „4 Pfoten für Sie"
Kölner Straße 64
51149 Köln
Tel.: 022 03/369 111 174
Fax: 022 03/369 111 179
E-Mail: info@4-pfoten-fuer-sie.de
Web: www.4-pfoten-fuer-sie.de

Hunde besuchen Kinder

„Helfer auf vier Pfoten" ist der Titel eines Hundebesuchsdienstes, den der Tiernahrungshersteller Royal Canin im Jahr 2002 in Berlin ins Leben rief. Mit Unterstützung des Verbandes für das Deutsche Hundewesen (VDH) und des Deutschen Verbandes der Gebrauchshundsportvereine ermöglicht dieses Angebot Kindern ein erstes Kennenlernen und Herantasten an die Vierbeiner. In Köln organisiert die erste Vorsitzende des HSV (Hundesportvereins) Köln-Mülheim, Petra Franke, die Besuche der eigens dafür ausgebildeten Mensch-Hund-Teams. Diese besuchen Kindergarten- und Grundschulkinder in der Regel über einen Zeitraum von vier Wochen. Dabei steht der unbefangene und respektvolle Umgang mit dem Hund im Fokus. Weitere Informationen zu den Ausbildungen gibt es bei:

Petra Franke
HSV KÖLN-MÜLHEIM e.V.
Biegerstr. 22
51063 Köln
Tel.: 02 21/620 08 61
Fax: 02 21606 02 79
E-Mail: kontakt@helfer-auf-vier-pfoten.de
Web: www.helfer-auf-vier-pfoten.de

Lassie im Ehrenamt
Tiergestützte Psychotherapie

„Jeder Hund will gerne arbeiten", sagt Petra Feck. Die Psychotherapeutin in Ausbildung setzt auf tiergestützte Psychotherapie. „Die ist insbesondere für Menschen wichtig, die keinen Kontakt mehr herstellen können", sagt die ausgebildete Arzthelferin und Seniorenbetreuerin, die durch ihr eigenes Schicksal zu diesem Berufszweig kam. Das war zum einen die Großmutter, die an Demenz erkrankte, und zum anderen der an ADHS leidende Sohn, der nur ruhig wurde, wenn er mit dem Kopf auf dem Bauch des Hundes lag, wie sie erzählt.

„Ein Hund kann Menschen wieder in das Fühlen bringen", erklärt sie den Aufbau des Selbstbewusstseins dadurch, dass das Tier etwa durch einen Parcours geführt werden muss. Menschen, die mit der Trauer nicht fertig werden, Menschen, die einen Burnout erlitten haben oder Menschen, die an Krankheiten wie etwa Parkinson erkrankt sind, erhalten durch die Kommunikation mit dem Hund Hilfe und neuen Lebensmut. Und auch für Wachkoma-Patienten eignet sich die tiergestützte Psychotherapie, wie Feck sagt.

Collie und Chitzu als Team

Mit ihrem britischen Collie, der Rasse, die früher über den Fernsehhund „Lassie" großen Bekanntheitsgrad erlangte, übt sie regelmäßig zwei bis dreimal pro Woche bei der Tiertrainerin Wiebke Vormstein in Reichshof. Sie hat sich auf Servicehunde spezialisiert und bildet Behindertenführhunde und Hunde für Gehörlose aus. Darüber hinaus

Hundebesuche können Wunder wirken.

baut Feck täglich kleine Übungen für den Hund in den Alltag ein, wie etwa nach dem Einkauf die Sachen wegzutragen. Wichtig sei auch, dass der Hund Reize ausblenden könne, erzählt sie, dass sie ihren Vierbeiner gerne an Orte mitnimmt, wo es laut und turbulent zugeht, um ihn zu trainieren.

Eine Überforderung des Tieres schließt sie aus. Man müsse das Tier eben lesen können, sagt sie. Das sei eins der Dinge, die sie neben einer Menge an Selbsterkenntnis durch das intensive Training mit dem Hund gelernt habe. Neben ihrem Collie will sie künftig auch ihren sechsjährigen Shih Tzu ausbilden lassen, da sich für manche Patienten kleine Hunde besser eignen. Schon jetzt besucht sie ehrenamtlich regelmäßig Patienten mit ihren Hunden.

„Der tut nix!" – Und wenn doch?
Rechtsanwalt René Thalwitzer über die Fallstricke des Hunderechts

Der tut nix – oder doch?

Hunde sind unsere treuen Begleiter. Das Zusammenleben mit ihnen bereitet in erster Linie große Freude und bereichert unseren Alltag – keine Frage. Aber: Hunde eröffnen heutzutage auch eine na-hezu unüberschaubare Anzahl von Rechtsfragen und Problemen, in denen sich kompetenter Rechts-rat bewährt. Zunehmend gibt es deshalb auch spezialisierte Anwälte, die sich mit den Fallstricken des „Hunderechts" beschäftigen. Tieranwälte helfen zum Beispiel bei Problemen wie z.B. der Tierhalter-haftung, dem Tierkauf sowie der Tiermängelgewährleistung, bei Fragen zur Haltung von Hunden in Mietwohnungen oder bei der rechtlichen Behandlung des Hundes bei einer Scheidung.

Es ist leicht möglich als Hundehalter mit dem Gesetz in Konflikt zu kommen. Im Hunderecht gibt es viele Konstellationen, in denen eine sog. Tierhalterhaftung möglich ist. Der Hund ist nicht nur der bes-te Freund des Menschen, sondern auch ein Lebewesen, das in unterschiedlichen Situationen unterschiedlich und nicht immer vorhersehbar reagiert. Die Tierhalterhaftung ist in § 833 BGB geregelt und als sog. Gefährdungshaftung ausgestaltet. Danach haftet der Halter eines Hundes allein aufgrund der Gefährlichkeit seines Tieres grundsätzlich für alle Schäden, die der Vierbeiner verursacht. Eigenart dieser Gefährdungshaftung ist, dass es auf ein Verschulden des Hundehalters nicht ankommt. Allein die Tatsache, dass man ein Tier hält, begründet die Haftung für durch das Tier verursachte Schäden. Ein Hundehalter haftet also auch dann, wenn er das Tier gut erzieht und sorgsam beaufsichtigt. Für jeden von einem Hund verursachten Schaden haftet sein Halter, egal ob dieser irgendetwas falsch gemacht hat oder nicht. Diese Tierhalterhaftung kann also selbst den reichsten Hundebesitzer in den finanziellen Ruin treiben: Im schlimmsten Fall kommt es zu einem Millionenschaden – wenn der Hund etwa einen Verkehrsunfall verursacht, bei dem es zu einer Massenkarambolage kommt. Dabei gilt es zu beachten, dass man persönlich nicht nur für die beschädigten Fahrzeuge, sondern insbesondere auch für Schäden der verletzten Verkehrsteilnehmer wie z.B. Heilbehandlungskosten aufkommen muss. Damit ist die Haltung eines Hundes mit finanziellen Risiken wie der Zahlung von Schadenser-satz und Schmerzensgeld verbunden, weshalb man als Hundehalter eine Tierhalterhaftpflichtversicherung abschließen sollte – vielfach ist das sogar gesetzlich vorgeschrieben.

Nicht immer voller Schadensersatz

Ist der Hundehalter haftpflichtversichert, ist diese im Versicherungsfall einstandspflichtig und muss eingetretene Schäden grundsätzlich ersetzen, so z.B. wenn der Hund ein anderes Tier oder einen Menschen beißt. Aber auch hier ist Vorsicht geboten: Der Geschädigte kann nur dann vollen Scha-denersatz verlangen, wenn ihn kein Mitverschulden trifft. Streichelt man einen fremden Hund, der daraufhin zu- beißt, muss man damit rechnen, dass man nur einen Teil des Schadens ersetzt bekommt. Gleiches gilt nach der Rechtsprechung für denjenigen, der in eine Auseinandersetzung zwischen Hunden eingreift, um die Tiere zu trennen.

Viele Hundehalter sind sich auch nicht bewusst, dass sie sich durch ein Hinweisschild „Vorsicht! Bissi-ger Hund" nicht von jedweder Haftung befreien können. Dies wird an dem Beispiel eines Kleinkindes deutlich, dass ein solches Schild gar nicht lesen kann. Generell gilt: Nicht Schilder machen das Recht, sondern der Gesetzgeber und die Gerichte.

Rechtsanwalt René Thalwitzer

Bayreuth:
Isoldenstraße 10a
95445 Bayreuth
Tel.: 0921-1512341
Fax: 0921-1512342

Zweigstelle Frankfurt am Main:
Weilbrunnstraße 20a
60435 Frankfurt am Main
Tel.: 069-95407125
Fax: 069-95407126

Web: www.tierrecht-frankfurt.de

24 Stunden-Notruf
0151-19631570

Ein ehrenamtlicher Gassigeher
Michael Buchholz kümmert sich um die, die keiner will

Wie kamen Sie dazu, sich im Tierheim als Hundeausführer zu engagieren?

Ich war vor vier Jahren hier, um mir eine Katze auszusuchen. Dabei habe ich einen Rundgang gemacht und mir die Hunde angeschaut. Ich hätte gerne einen mitgenommen, aber der Zeitaufwand ist schon groß. Wenn man berufstätig ist, ist es schwierig. Darum hatte ich damals schon überlegt, Hunde auszuführen, befürchtete aber, dass sie sich einem zu stark anschließen und dann jammern, wenn man wieder geht. Das wäre mir zu nahe gegangen. Im Sommer dieses Jahres habe ich bei einem Besuch hier im Tierheim mit einem Gassi-Geher gesprochen. Der meinte, die Tiere wären so happy, wenn sie rauskämen, dass sie im Nachhinein nicht jammerten. Daraufhin habe ich mich im Büro erkundigt, was ich mitbringen muss, da ich keine Hundeerfahrung habe. Ich hatte als Kind mal einen Hund, aber das ist über 40 Jahre her.

Welche Voraussetzungen waren erforderlich?

Ich musste den Sachkundenachweis machen. Das ist eine theoretische Prüfung mit einem Fragenkatalog von 130 Fragen. Die mussten im Multiple-Choice-Verfahren beantwortet werden, zehn Fehler waren erlaubt. Dafür habe ich zwei bis drei Wochen lang jeden Tag ein bisschen gelernt. Dieselbe Prüfung müssen auch Leute machen, die gefährliche Hunderassen halten möchten. Wichtig ist, die Körpersprache des Tieres richtig einschätzen zu können. Grundsätzlich dürfen die Hunde nicht abgeleint werden.

Wann und wie ging es los?

Als ich den Hundeführerschein hatte, konnte ich mir aus den aufgelisteten Tieren die aussuchen, die für Anfänger geeignet sind. Es gibt nämlich auch Hunde, die schnappen. Man weiß ja nie, was der Vorbesitzer mit ihnen gemacht hat. Nach zwei bis vier Wochen kann man sich dann auch an die anderen wagen. Ich habe erst nur mit kleineren angefangen, wobei die auch schon mal zickig sein können. Die Aggressiven sind zumeist auch die Kräftigen. Mit denen können nur Leute mit viel Hundeerfahrung umgehen. Man muss ständig auf die Körperhaltung achten, aufpassen, wo er hinschaut, was er gerade macht. Wenn man mehrfach im Zwinger des Hundes war und es geschafft hat, dem Hund

Michael Buchholz kümmert sich ehrenamtlich um Hunde im Tierheim.

den Maulkorb anzuziehen, dann fasst er meistens Vertrauen. Mit der Zeit hält sich seine Aggressivität dann in Grenzen.

Mit wie vielen Hunden gehen Sie regelmäßig spazieren?

Ich habe einen Pool von etwa fünf Hunden. Darunter gab es Luck, einen etwas größeren Jagdhund-Mix, der zwar sehr kräftig und ungestüm, aber freundlich war. Für einen Hund wie ihn war es ein Horror, im Heim zu sein. Am Anfang hat er unheimlich viel gebellt. Wenn ich später mit ihm ging, zerrte er mich immer durchs Tierheim bis zur Tür und wollte rennen. Ich habe extra zehn Kilo abgenommen, damit ich mit ihm mithalten konnte. Er ist aber inzwischen vermittelt. Seit fast einem Jahr gehe ich täglich mit einem Dalmatiner, der aus dem Rotlicht-Millieu stammt. Er hat mehr Prügel, als Fressen erhalten und reagiert aggressiv auf Frauen. Er hat schon eine Mitarbeiterin angegriffen und ist nicht vermittelbar. Der hat Kraft wie ein Ochse und ist bei den Spaziergängen mit einem Doppelgeschirr und muss einem Maulkorb gesichert. Zu mir hat er eine Beziehung aufgebaut und ich hätte ihn gern übernommen, aber er verträgt sich nicht mit meiner Katze. Ich habe es einmal ausprobiert und ihn mit zu mir nach Hause genommen.

Was gibt Ihnen Ihr Ehrenamt?

Die meisten Tiere bauen in den ersten zehn Minuten des Spaziergangs den Stress ab. Danach sind sie ganz anders.

Der erste Hund, den ich ausgeführt habe, hat mich eine Stunde lang nicht angeschaut und mich völlig ignoriert. Ich war unsicher und etwas enttäuscht. Aber als ich ihn zurückgebracht habe, hat er gewedelt und mein Ohr abgeschleckt. Da war ich so gerührt. Das war die stärkste Erfahrung. Der Hund ist inzwischen vermittelt. Wer sich gut benimmt, ist meistens schnell weg. Man sieht auch, wie sich die Hunde verändern. Der Husky hier hat anfangs ständig gejault, jetzt ist er ganz teilnahmslos. Nicht alle kommen jeden Tag raus. Manchmal gehen auch nur die Mitarbeiter in ihrer Pause mit ihnen. Das ist zu viel zu kurz.

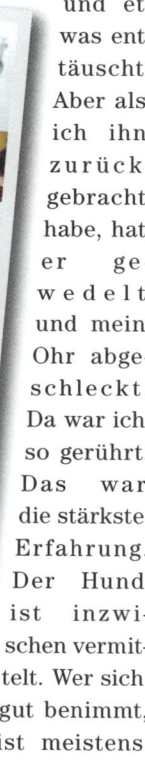

Wie verhalten sich die Hunde beim Spaziergang?

Es gibt Hunde, die legen sich auf dem Weg nach draußen mit jedem Hund an. Wenn sie zurückkommen, sind sie ganz brav und geben keinen Mucks mehr von sich. Jedes Tier ist anders und hat seine Besonderheiten, manche bevorzugen den Asphalt, andere laufen lieber auf Grün. Wenn ich das erste Mal mit einem Hund gehe, lasse ich ihn die Richtung bestimmen, damit ich seine Vorlieben herausfinden kann.

Wie oft kommen Sie hierher?

Ich bin montags bis freitags jeden Vormittag hier und bin drei Mal bis zu einer Stunde mit einem Tier unterwegs. Anfangs haben mir schon nach einer Stunde die Füße weh getan. Jetzt bin ich richtig fit geworden. Die Spaziergänge sind ein gutes Konditionstraining.

Sind Sie traurig, wenn ein Tier weg ist?

Nein, man muss so eine Grenze ziehen. Man kann ja nicht alle mit nach Hause nehmen. Ich freue mich, wenn eins der Tiere ein schönes Zuhause gefunden hat.

Wie bringen Sie Ihr Ehrenamt mit Ihrem Beruf in Einklang?

Ich war 20 Jahre lang im öffentlichen Dienst beschäftigt, da bin ich schon mal in der Mittagspause hierher gekommen. Derzeit bin ich jedoch arbeitslos. Nach der 20. Absage habe ich erkannt, dass es in meinem Alter nicht mehr so einfach ist, wieder einen Job zu finden. Da erschien mir dieses Ehrenamt am sinnvollsten. Beim Arbeitsamt habe ich mich für die Zeit, die ich täglich hier bin, abgemeldet.

Futter als Sozialhilfe
Auch Tiere können bedürftig werden

Der Tiertafel Deutschland e.V. wurde im Sommer 2006 von Claudia Holm in Rathenow gegründet, um Menschen zu helfen, die finanziell oder körperlich, kurzfristig oder langfristig nicht in der Lage sind, ihre Haustiere gesund und artgerecht zu ernähren. Sie erhalten an einer der 24 bundesweiten Ausgabestellen unbürokratische und schnelle Hilfe. Nachweisen müssen sie ihre Bedürftigkeit mit einem Hartz 4- oder einem Rentenbescheid, Obdachlose brauchen keinen gesonderten Nachweis.

Die Hunde sollten grundsätzlich zur Anmeldung und in regelmäßigen Abständen mitgebracht werden. Für Katzen und andere Kleintiere muss ein anderer Daseins-Nachweis erbracht werden. Nicht unterstützt werden indes Neuanschaffungen von Tieren sowie Tiere, die erst nach dem Eintreten der finanziell angespannten Situation angeschafft wurden.

Hilfe für Senioren im Pferdeschutzhof

Köln verfügt über keine eigene Ausgabestelle der Tiertafel Deutschland e.V., wohl aber über ein ähnliches Projekt, das Ruth Machalet, die im vergangenen Jahr verstorbene Gründerin eines Pferdeschutzhofes in Weidenpesch, vor fünf Jahren ins Leben rief. Die „Tiertafel Köln" und der Pferdeschutzhof werden von der Tochter der Gründerin, Sabine Verbeek, und langjährigen Mitstreiterinnen weitergeführt.

Mit Futterspenden unterstützt das Projekt ausschließlich Rentner, die wegen finanzieller Probleme ihr Tier nicht mehr versorgen können. „Wir wollen verhindern, dass ältere Menschen wegen Geldnot ihr geliebtes Tier abgeben müssen", erklärt Claudia Peter, die mit anderen Helfern die Futterausgabe koordiniert. Regelmäßig profitieren davon etwa 30 Rentner, die wochentags ab neun die Ration für ihre Tiere abholen können. Nach Vorlage des Rentenbescheides wurde mit ihnen im Vorfeld jeweils vereinbart, wie oft und wie viel Futter sie erhalten. In ganz schwierigen Fällen übernimmt der Pferdeschutzhof selbst die Kosten für Tierarztgänge.

Die Tiertafel-Ausgabestelle in Bergheim

Die nächste Ausgabestelle der Tiertafel Deutschland e.V. befindet sich in Bergheim-Zieverich, einem sozialen Brennpunkt. Sie

Die Tiertafel Bergheim ist auch Anlaufstelle für Kölner.

wurde 2009 von der inzwischen verstorbenen Eva Schütter gegründet und wird heute von ihren Ehemann Volker Schütter weitergeführt. Etwa 80 Tiere erhalten hier pro Woche Futterspenden, 20 bis 25 Kunden reisen dafür eigens auch aus Köln an, wie die Ehrenamtlerin Marion Plück erzählt. Die Futterspenden stammen sowohl von Privatpersonen wie von Supermärkten und Tiergeschäften und können freitags zwischen 15 und 18 Uhr in der Ausgabestelle abgeholt werden.

„Mir ist wichtig, dass die Leute nicht ihre Tiere abgeben müssen", erzählt die vierfache Katzenbesitzerin Plück, die sich seit dem Jahr 2010 in Bergheim engagiert. Über das Tierheim sei sie in Kontakt mit der Tiertafel gekommen, sagt sie. Und so war sie auch beim Umzug dabei: Nach Kündigung der früheren Räume in einer Zwei-Zimmer-Wohnung und langem Bangen um die Existenz der Bergheimer Ausgabestelle, ist sie seit März 2013 in den Räumen der früheren Gaststätte „Kupferkanne" untergebracht. Dort stehen zum wöchentlichen Ausgabetermin auch eine Tierphysiotherapeutin und eine Tierärztin bereit, um den Tieren der Bedürftigen zu helfen.

Tiertafel Deutschland e.V.

Ausgabestelle Bergheim-Zieverich
Otto-Hahn-Straße 22
50126 Bergheim
Tel. 022 71/450 52 85
E-Mail: bergheim@tiertafel.de
Web: www.tiertafel.de
Ausgabe: jeden Freitag von 15 bis 18 Uhr

Spendenkonto:
Tiertafel Deutschland e.V., Kontonummer: 3772852, Deutsche Bank, BLZ: 120 700 24
Verwendungszweck: „Spende Bergheim"

Kölner Schutzhof für Pferde, Tierschutz & Umwelt e.V.

Kölner Tiertafel
Auf dem Ginsterberg
50737 Köln
Web: www.pferdeschutzhof.info

Spendenkonto:
Kontonummer 4702173014, Raiffeisenbank Frechen-Hürth, BLZ 370 623 65

Werbung

Der Facebook-Erfolg von Rupert Fawcett jetzt als Buch!

Was Hunde wirklich denken!

Überall im Buchhandel
Mehr Infos unter
www.fredundotto.de
ISBN: 978-3-95693-001-0

Medizin auf vier Pfoten
Die VITA-Assistenzhunde

Das Leben von Frieda ist um so vieles einfacher und reicher geworden, seit Fellow, ihr vierbeiniger Freund, im Alltag hilft und Tag und Nacht für sie da ist. Es ist nicht länger ein Kraftakt, Socken aus der Schublade zu holen oder eine Tür zu öffnen. Freudig übernimmt das Fellow für sie. Mit ihm hat Frieda einen vierpfotigen Partner an der Seite, der sich jeden Morgen freut, wenn sie die Augen aufmacht und jeden neuen Tag mit fröhlichem Schwanzwedeln begrüßt. Fellow ist eifrig darauf bedacht, ihr das Leben zu erleichtern, zu helfen, da zu sein und nicht von ihrer Seite zu weichen. Fellow ist ein von VITA e. V. ausgebildeter Assistenzhund – ein Profi auf seinem Gebiet.

Englisches Vorbild

Tatjana Kreidler gründete im März 2000 den gemeinnützigen Verein VITA e.V. Assistenzhunde (VITA) nach englischem Vorbild. Bisher hat VITA bereits 38 Kindern und Erwachsenen mit körperlicher Behinderung – unabhängig ihrer finanziellen Situation – einen ausgebildeten Assistenzhund zur Seite gestellt. VITA-Assistenzhunde werden nach den internationalen Standards und Richtlinien des Dachverbands Assistance Dogs Europe (ADEu) ausgebildet. ADEu setzt hohe Qualitätsstandards bei der Ausbildung von Mensch und Hund an, prüft die Verwendung von Spendengeldern und achtet insbesondere auf das Wohlergehen der Tiere. 38 Mal haben die von VITA ausgebildeten vierbeinigen Helfer „ihren" Menschen bereits zu mehr gesellschaftlicher Inklusion, Selbstvertrauen, Unabhängigkeit und Lebensqualität und dadurch auch zu gesteigertem Lebensmut und vor allem mehr Lebenslust verholfen.

Medizin auf vier Pfoten

Ein VITA-Assistenzhund ist „Medizin auf vier Pfoten"! Er ist ein praktischer Helfer, treuer Partner, Eisbrecher und Mittler und wirkt auf verschiedenen Ebenen: psychisch, physisch, sozial und kognitiv. Er unterstützt bei alltäglichen Aufgaben, z. B. apportiert er Gegenstände, assistiert beim An- und Ausziehen und holt im Ernstfall Hilfe. Er öffnet Türen – im realen und auch im übertragenen Sinne. Ein Assistenzhund schafft Kontakte zu anderen Menschen, steht treu zur Seite und vertreibt trübe Gedanken. Er liefert Gesprächsstoff und mindert Hemmschwellen, er hilft, das Leben zu (er)leben.

Echte Partner

Ausgebildet werden die Hunde (ausnahmslos Retriever) nach der von der Vereinsgründerin entwickelten Kreidler-Methode. Mit dieser werden Mensch und Hund füreinander sensibilisiert und zu echten Partnern gemacht. Die Kreidler-Methode basiert auf Empathie und Motivation. Durch freundliche Autorität, Ruhe und Geduld wird die vertrauensvolle Bindung zwischen Mensch und Hund gefördert. Es ist kein starres Konzept, sondern wird – unter Einbeziehung neuester wissenschaftlicher Erkenntnisse und bestehender Erfahrungen – stetig weiterentwickelt. Von Anfang an stand der Hund und sein Wohlbefinden dabei im Mittelpunkt. Denn – so die VITA-Philosophie – „Nur wenn es dem Hund gut geht, kann er dem Menschen helfen!" Fachkompetenz, kynologisches Wissen und viel Verständnis ist bei der Ausbildung eines vierbeinigen Partners und auch bei der mindestens sechswöchigen Zusammenführung eines Mensch-Hund-Teams gefragt. Die beiden, die fortan gemeinsam ihren Weg gehen, müssen nicht nur gut zueinander passen, sie müssen einander vertrauen, Geduld haben und sich miteinander wohlfühlen. Das ist ein hoher Anspruch. VITA vermittelt den zukünftigen Assistenzhund-Besitzern nötigen Sachverstand, von den Grundlagen der Kommunikationsformen des Hundes über Lerntheorien bis hin zu tiermedizinischem Fachwissen. Sie erfahren wie ihr Hund denkt, welche Eigenheiten und Gewohnheiten und welche Stärken und Schwächen er hat und wie er mit ihnen kommuniziert. Der Hund soll in seinem neuen Zuhause an Altgewohntes anknüpfen können, das geht von in einer gewohnten Stimmlage gesprochenen Kommandos über das gewohnte Futter bis hin zum Erlernen neuer Aufgaben. Somit trägt VITA Sorge, dass der tierische Helfer fair, artgerecht und respektvoll behandelt wird.

Frieda und Fellow

Ausbildung

Die Zusammenführung der Mensch-Hund-Teams findet im Ausbildungszentrum in Hümmerich statt. In der Eingewöhnungsphase werden zwei, manchmal auch drei künftige Teams Tag und Nacht in eine familiäre Gemeinschaft eingebunden. Entscheidend dabei ist, dass die Chemie zwischen den beiden stimmt, denn nur dann können Hund und Mensch zu einem harmonischen Team zusammenwachsen. Schritt für Schritt übernehmen die neuen Besitzer Mitverantwortung für ihren Gefährten. Da die Eltern der VITA Kinder-Teams nach der Zusammenführungsphase die Aufgabe haben das Team zu leiten und für das Training und das Wohlergehen des Vierbeiners zu sorgen, werden auch sie in die Ausbildung eingebunden. Nach der

Vita Teamtraining

Übergabe wird die VITA-Arbeit in Form von regelmäßiger Nachbetreuung fortgesetzt. Parallel werden die Teams dazu angehalten, sich untereinander mit- und voneinander lernend auszutauschen, was einen wichtigen Teil des VITA-Konzeptes ausmacht. Die Ausbildung eines Assistenzhundes kostet über 25.000 Euro. Leider erhält der Verein keine öffentlichen Fördermittel und auch die Krankenkassen beteiligen sich nicht an den Kosten. Diese müssen ausnahmslos durch Spenden, Fördermitglieder und Sponsoren gedeckt werden.

VITA-Hunde leisten Erstaunliches, sie verhelfen Erwachsenen und Kindern zu mehr Lebensqualität. Sich aus Einsamkeit und Abhängigkeiten zu lösen, sind für sie Geschenke von unschätzbarem Wert.

VITA e.V. Assistenzhunde sucht Hundepaten

Um weitere Assistenzhunde ausbilden zu können, werden immer wieder ehrenamtliche Helfer gesucht – allen voran Hundepaten! Ein Hundepate zieht die ausgesuchten Retrieverwelpen auf, bevor diese im Alter von ca. 12 bis 16 Monaten zur Assistenzhunde-Ausbildung von VITA-Trainern übernommen werden und anschließend ihre Aufgabe antreten. Wenn Sie Pate werden möchten, so spielt Ihr familiäres Umfeld keine Rolle. Ob Familie oder alleinstehend, bereits mit oder ohne Hund, VITA-Paten leben in ganz unterschiedlichen Lebenssituationen. Der Welpe wird Ihnen im Alter von ca. zehn Wochen übergeben, so wird bereits seine Prägephase für die Erziehung genutzt. Nehmen Sie einen Welpen auf, zeigen Sie ihm die Welt mit all ihren Facetten. Bei Ihnen lernt er z.B. vielseitige Geräusche, den Straßenverkehr, Geschäfte und Menschen kennen. Sozialisieren Sie ihn, bauen Sie Vertrauen auf – nach den positiven Erziehungsmethoden von Tatjana Kreidler. Die Welpen werden sanft, jedoch konsequent erzogen. Sie nehmen mit Ihrem Welpen regelmäßig an den VITA-Welpenkursen teil und auch ansonsten steht Ihnen das Team bei allen Fragen und Problemen bei.

Wir sprachen mit einem der Paten über seine Erfahrungen. Dieter Protzmann ist seit 2006 Pate bei VITA. Drei der von ihm aufgezogenen Hunde sind bereits bei einem hilfsbedürftigen Menschen angekommen und erfüllen ihre Aufgabe zu aller Zufriedenheit. Den vierten hat er gerade in seine Obhut genommen.

Wie sind Sie VITA-Pate geworden?

Tatsächlich durch Zufall. Ich selbst wollte keinen Hund mehr durch Tod verlieren, nachdem meine drei Hunde im hohen Alter verstorben waren. Im Wald traf ich eine Frau, die gerade einen Welpen als VITA-Patin betreute. Das gefiel mir und ich informierte mich. Durch VITA habe ich die Gelegenheit einen Hund um mich zu haben und gleichzeitig etwas Gutes zu tun.

Was genau machen Sie denn mit den Hunden?

Ich bereite sie gründlich auf ihr Leben vor. Ich nehme sie überall mit hin, wir fahren Aufzug, Auto, U-Bahn, Fahrrad. Sie lernen Menschen in Einkaufszentren kennen, dürfen ins Wasser, lernen Alltagssituationen kennen und die Grundbegriffe, die ein Hund kennen muss. Ich sozialisiere ihn. Das wichtigste ist, dass sie lernen auf mich zu achten. Sie lernen nicht wegzulaufen, in meiner Nähe zu bleiben und auf mich aufzupassen. Da wir eine innige Beziehung zueinander haben, lernen die Hunde schnell und sie erledigen ihre Aufgaben gut.

Werden Sie von VITA unterstützt?

Ja. Einmal in der Woche gehe ich mit ihnen zum VITA-Training. Dort lerne ich dem Hund die richtigen Signale zu geben, die, mit denen er später auch mit seinem neuen Besitzer kommunizieren wird. Und der Hund lernt auch zum Beispiel Rollstühle kennen.

Bringen Sie ihm auch andere Sachen bei, zum Beispiel Türen öffnen oder beim Anziehen helfen oder ähnliches?

Nein. Die letzte Phase ihrer Ausbildung

Assistenzhund beim Taschetragen

(ca. 10 bis 12 Monate) verbringen die Hunde bei VITA. Dort werden sie speziell in ihre zukünftigen Aufgaben eingewiesen, um ihrem zukünftigen Besitzer das Leben zu erleichtern.

Sehen Sie "Ihre" Hunde denn auch mal wieder?

Ja, bei verschiedenen Anlässen. Im Training manchmal. VITA organisiert einige Veranstaltungen im Jahr, unter anderem Charity Galas, Charity Working Tests, einen Stand auf dem Wiesbadener Pfingstturnier und noch einiges anderes. Bei einigen Gelegenheiten sind dann auch die neuen Besitzer mit ihren Hunden da. Es ist jedesmal wieder schön!

VITA e.V. Assistenzhunde

Karlshof 1a , 53547 Hümmerich
Website: www.vita-assistenzhunde.de
E-Mail: info@vita-assistenzhunde.de
Spendenkonto:
Deutsche Bank
Bankleitzahl: 500 700 24, Kontonummer: 3 010 915
IBAN DE63 5007 0024 0301 0915 00 /
BIC DEUTDEDBFRA

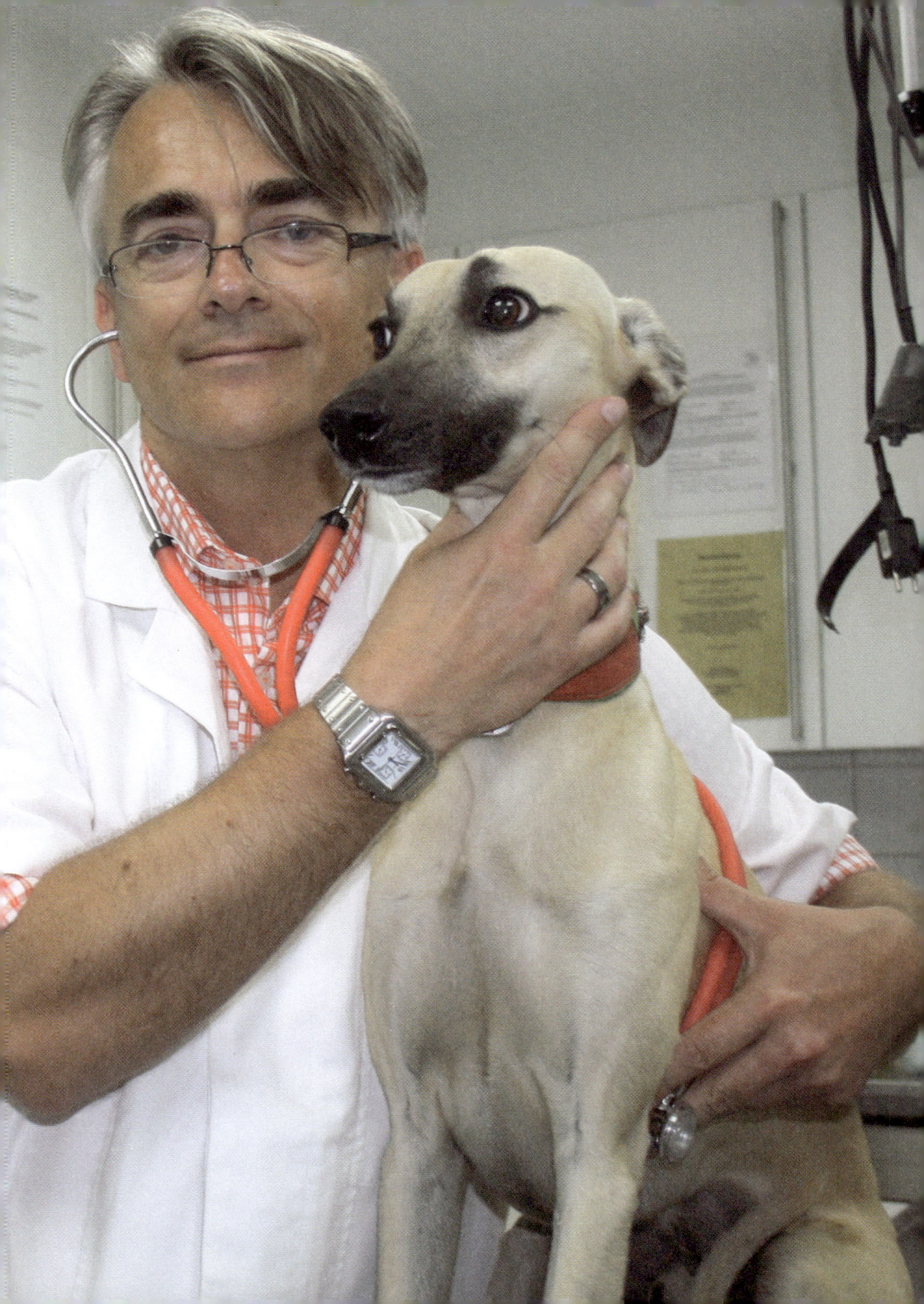

Versicherung & Schutz

Was kann man tun, wenn sein Hund einen Unfall hat? Wer hilft in diesem Fall und was kostet ein Großeinsatz der Feuerwehr den Hundehalter? Wie kann man sich am besten schützen und welchen Sinn machen Versicherungen für Hunde? Das sind die Fragen, um die es hier geht. Letztlich macht sich jeder Hundebesitzer große Sorgen, wenn sein Hund plötzlich verschwunden ist. Wie man ihn wiederbekommt und was man tun kann, erklärt ein Interview mit dem deutschlandweit tätigen Verein Tasso.

Hilfe bei Unfällen

Tierrettungsorganisation bietet bundesweit Hilfe

Ist das eigene Tier verletzt oder in Not, sollte man zunächst einmal versuchen, seinen eigenen Tierarzt oder die nächste Tierklinik anzurufen. Wenn diese aber nicht erreichbar sind und das Tier nicht im eigenen Fahrzeug transportiert werden kann, bleibt nur der Anruf bei der Tierrettungsleitstelle des Vereins UNA (Union für das Leben e.V.). Diese ist 24 Stunden erreichbar und verfügt über eine bundesweite Datei von Tierärzten, Tierkliniken und Tierrettungsfahrzeugen.

Der UNA Tierrettungsdienst und dessen Kooperationspartner haben im Jahr 2012 über 5000 Einsätze gefahren, darunter 60 Prozent Hausnotfälle und Verkehrsunfälle, 30 Prozent Bergung von in Notlagen befindlichen Tieren und etwa zehn Prozent andere verletzte Tiere. Bei Wildtieren verständigt die Tierrettungsleitstelle die zuständige Polizeidienststelle und den Revierförster.

UNA Tierrettungsdienst

In diesem Jahr wurde der UNA Tierrettungsdienst mit dem Tierschutzpreis 2013 der Carl-Kraemer-Stiftung ausgezeichnet. Seit 2007 gibt es die Tierrettungsorganisationen in Bad Herrenalb, die ihr Netz mit Tiernothelfern und inzwischen 189 Einsatzfahrzeugen kontinuierlich ausbaut. So ist UNA bereits in vielen Teilen Deutschlands vertreten und möchte sein Netz weiter ausbauen. In Nordrhein Westfalen hat UNA seit Dezember 2012 neue Stützpunkte eröffnet. So ist in Köln ein Einsatzfahrzeug (MRE) stationiert, das derzeit aber nur für Hausnotfälle zum Einsatz kommt. Wildtiernotfälle werden von der Stadt übernommen werden, wie der UNA-Vorsitzende, Uwe Lässig, mitteilt. Gerade wurden noch vier Ehrenamtler zu Tiernotfallsanitätern ausgebildet, so dass der Stützpunkt bald noch ein weiteres Einsatzfahrzeug erhält.

Die Tierrettung kostet aber auch Geld und kann sich nicht ausschließlich durch Mitgliedsbeiträge und Spenden decken lassen. Daher sind Einsätze mit Haustieren kostenpflichtig. Die Gebühren für den Transport oder die Hilfeleistung vor Ort bewegen sich im Nahbereich bis 12 Kilometer zwischen 20 und 27 Euro zuzüglich Kosten für Ein-

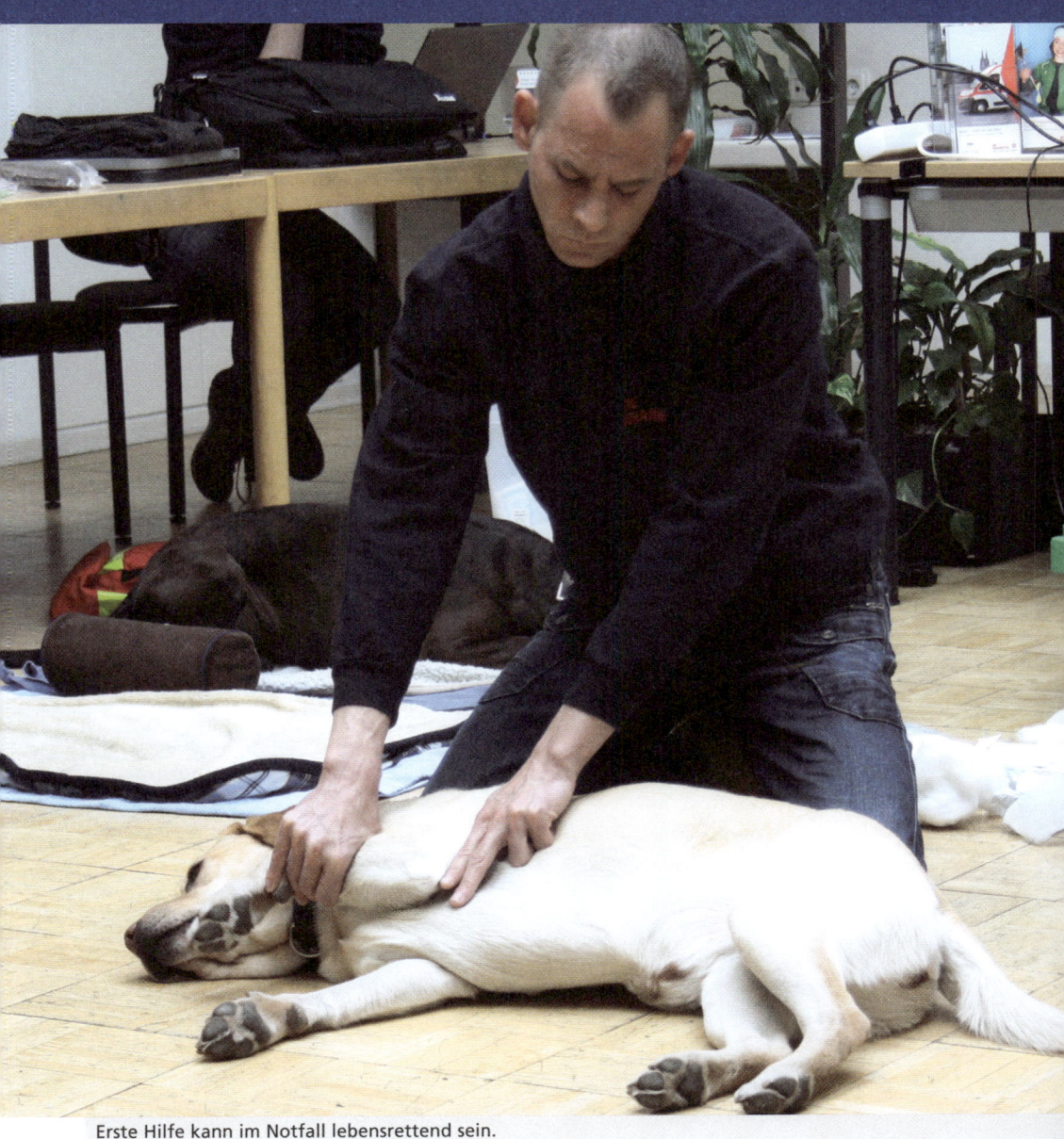

Erste Hilfe kann im Notfall lebensrettend sein.

satz-, Berge- oder Wartezeiten. Außerhalb des Nahbereichs wird nach den gefahrenen Kilometern und der Art des Einsatzfahrzeugs berechnet, wobei nur die Anfahrt und die Transportstrecke berücksichtigt werden. Die Kosten für den Tierarzt müssen separat übernommen werden.

Mehr Infos

Tierrettungsleitstelle 24h NOTRUF (bundesweit):
07 00/952 952 95 oder
015 78/499 52 95
Web: www.tierrettungsdienst.eu

Blaulichteinsatz für Hund und Mensch
Die Tiernotrettung der Feuerwache Ostheim

Eine Auszeichnung für ihren Einsatz in der Tierrettung erhielt die Feuerwache 8 in Ostheim, in der die Kölner Tierrettung untergebracht ist, im Oktober 2012. Der Deutsche Tierschutzbund, der bereits seit neun Jahren Menschen für ihr ganz besonderes Engagement im Tierschutz den Deutschen Tierschutzpreis verleiht, ehrte stellvertretend für alle Feuerwehren Deutschlands die Ostheimer Wache mit dem Tierschutz-Sonderpreis.

Rund um die Uhr sind in Ostheim die beiden Tierretter Peter Melzer und Klaus Frei im Einsatz, um Besitzer von entlaufenen Hunden aufzuspüren, ausgesetzte Tiere ins Tierheim zu bringen, verletzten Wildtieren zu helfen oder Katzen zu befreien. Jeden Tag gibt es bis zu sieben Einsätze im Stadtgebiet. Von einer geretteten Stockente konnten sich die Feuerwehrmänner nicht mehr trennen. Seit drei Jahren lebt sie mit ihrem von den Tierrettern hinzu gekauften Artgenossen auf dem Gelände und brachte sogar schon Junge zu Welt. Insgesamt werden im Stadtgebiet jährlich über 3.000 Tiere gerettet. In Nordrhein-Westfalen sind es insgesamt fast 10.000 Tiere pro Jahr, die von der Feuerwehr aus Notlagen befreit werden. Wie ein Feuerwehrmann verrät, gibt es aber wohl Unterschiede zwischen Stadt und Land. „Der auf dem Land wohnende Mensch ist selbständiger und ruft nicht gleich bei jedem frei laufenden Hund die Feuerwehr", sagt er.

Im Einsatz für Mensch und Tier

Erst im Juni retteten die Feuerwehrmänner der Löschbootstation mit dem Rettungsboot eine sechsjährige Hündin aus dem Rhein. Ronja war beim Gassigehen oberhalb der Südbrücke einer Ente hinterher gerannt und auf der linken Rheinseite in den Rhein gesprungen. Der Hundebesitzer und eine Passantin riefen zeitgleich bei der Feuerwehr an. Sofort eilte das Rettungsboot „Ursula", ein Löschfahrzeug der Feuerwache Innenstadt und der Tiertransportwagen der Feuerwache Ostheim zur Hilfe.

Inzwischen war die kleine Münsterländerin bereits bis auf Höhe der Kranhäuser und über die Rheinstrommitte hinaus in Richtung rechte Rheinseite abgetrieben worden. Die Rettungsbootbesatzung entdeckte sie schnell und konnte sie nur zehn Minuten nach dem Notruf sicher an Bord bringen. An der Löschbootstation wurden die erschöpfte Ronja und ihr Besitzer wiedervereint. Dabei war der überglückliche Hundehalter dem Vernehmen nach sehr beeindruckt von der schnellen Hilfe.

Ein Service für die Bürger

Solche Einsätze der Feuerwehr sind in den allermeisten Fällen kostenlos, wie Jens Müller, bei der Berufsfeuerwehr in Köln für die Öffentlichkeitsarbeit zustän-

Die Feuerwehrmänner retteten mit dem Boot die sechsjährige Hündin Ronja aus dem Rhein.

dig, ausführt. Das gelte auch für die Tierrettung, etwa wenn der Dackel im Fuchsbau verschwinde, der Hund in Gewässern lande oder die Katze mit der Pfote im Heizkörper eingeklemmt sei, nennt er Beispiele aus der Praxis. „Diese Einsätze gehören zu den originären Aufgaben der Feuerwehr. Nur in den allerwenigstens Fällen kann die Feuerwehr Kostenersatz verlangen", zitiert Müller aus Paragraph 41 Feuerschutzhilfeleistungsgesetz NRW. Bei der Tierrettung müsse der Verursacher nur dann die Kosten tragen, wenn die Gefahr vorsätzlich verursacht worden wäre.

„Etwas anders sieht das bei unserem Tiertransportwagen aus", verweist Müller auf das Fahrzeug, mit dem herrenlose oder verletzte Haustiere in Tierheime oder zu Tierärzten gebracht werden. Früher habe auf dem Tierwagen noch „Tierrettung" gestanden, was dazu geführt habe, dass Menschen erwartet hätten, dass die Tiere wie in einem Rettungswagen für Menschen medizinisch behandelt werden. Dafür sei die Feuerwehr aber weder ausgebildet, noch gerüstet, sagt Müller. Die Fahrten mit dem Tierwagen führe die Feuerwehr rechtlich gesehen für das Veterinäramt durch, etwa wenn entlaufene, ausgesetzte, verletzte oder enteignete Tiere ins Tierheim oder zum Tierarzt gebracht werden. Hier müsse der Halter des Tieres die Kosten für einen Transport tragen.

Was tun im Notfall?

Grundsätzlich sollte man bei jedem Notfall Ruhe bewahren und schauen, ob man dem Tier selbst helfen kann. Wenn das eigene Tier oder ein fremdes Tier verletzt aufgefunden wird, sollte man zunächst einmal klären, ob man es selbst zum Tierarzt fahren kann. Wenn nicht, sollte man das Tier in der aufgefunden Lage nach Möglichkeit stabilisieren und den Tierarzt oder die Tierrettung verständigen.

Grundsätzlich empfiehlt es sich, vorsichtig zu sein. Wenn ein Tier unter Schock steht, Schmerzen und Angst hat, reagiert es oftmals aggressiv und kann den Helfer durch Bisse oder Krallen verletzen. Bei fremden Tieren oder Wildtieren ist die Feuerwehr zuständig. Hier braucht man auch keine Kosten für den Notruf oder den Tierarzt zu befürchten. Bei Verletzung des eigenen Tiers hilft auch der Notruf bei der bundesweiten Tierrettungsleitstelle unter den Rufnummern 07 00/952 952 95 oder 015 78/499 52 95.

Die Feuerwehr – dein Freund und Helfer

Wenn Hunde ins Eis einbrechen

Passieren kann eine ganze Menge. So wie vor einigen Jahren der kleine Hund in der Groov in Zündorf. Er war im Winter einem Vogel nachgelaufen und dabei auf eine nasse Begrenzungsmauer gesprungen. Von der rutschte er ab und stürzte drei Meter tief ins Wasser. Er schwamm zwar wieder zur Mauer zurück, kam aber nicht mehr hoch und krallte sich an einem Gestrüpp fest. Neben dem Tierrettungswagen rückten gleich noch zwei Fahrzeuge aus Porz und ein Rettungsboot an. Letztlich bedurfte es aber nur eines Feuerwehrmannes, der zu dem Hund herunterkletterte und ihn herausfischte. Er wurde zitternd, aber gesund, seinem Frauchen übergeben.

Weniger glimpflich gehen solche Fälle aus, wenn Tiere oder ihre Besitzer ins Eis einbrechen. So war im Winter 2012 eine junge Hundebesitzerin bei dem Versuch, ihren ins Eis des Höhenfelder Sees eingebrochenen Labrador zu befreien, selbst eingebrochen. Passanten alarmierten die Feuerwehr, die aus Mülheim und aus Dellbrück samt Taucherstaffel, Rettungsdienst, Hubschrauber und Einsatzführungsdienst anrückte. Zwei Spaziergängerinnen waren der Frau aber bereits mit Stöcken und Ästen zur Hilfe geeilt und hatten sie beim Eintreffen der Feuerwehr schon wieder ans Ufer gezogen. Auch der Hund hatte es zurück ans Ufer geschafft.

Ein Jahr zuvor war bei dem gleichen Vorfall am Fühlinger See ein junger Mann verstorben. Bei ihm versagte der Kreislauf im eiskalten Wasser, er wurde ohnmächtig und ertrank. Sein Mischlingshund konnte hingegen gerettet werden. Darum rät die Feuerwehr Hundebesitzern dringend, ihre Tiere beim Spaziergang an offenen Wasserflächen an der Leine zu führen. Sollte doch einmal ein Tier im Winter ins Eis einbrechen, ist es besser, sofort die 112 zu rufen und mit Hilfe von Stöcken, Ästen oder Brettern, dem Hund Halt zu bieten. Auf keinen Fall sollte man ungesichert auf das Eis oder ins Wasser gehen, rät die Feuerwehr.

Die Feuerwehr ist auch für Tiere im Einsatz.

Auch wenn Hunde ins Eis einbrechen, kommt die Feuerwehr zur Rettung.

Kleine Ursache, großer Schaden
Auch Hunde sollten versichert sein

Oliver Kirsch berät die Kunden zum Thema Tierversicherung.

Seit dem 1. Januar 2003 ist sie Pflicht, die Hundehaftpflicht für große Hunde, das heißt Hunde, die mindestens 40 Zentimeter groß sind oder 20 Kilo wiegen. Unbedingt erforderlich ist eine Hundehaftpflicht ohnehin für gefährliche Hunde und Hunde bestimmter Rassen. Sie muss mit eine Versicherungssumme von mindestens 500.0000 Euro für Personenschäden und 250.000 Euro für Sachschäden enthalten.

Aber auch der kleinste Hund kann einen Unfall mit dem Auto oder mit dem Fahrrad verursachen, wenn er über die Straße oder den Radweg läuft. Erleidet der Unfallbeteiligte einen ernsthaften Personen- oder Sachschaden, kann es teuer werden, denn der Hundehalter muss dafür haften. Daher sollte man bei Versicherungsabschluss auch auf die Leistungen achten, die mit versichert sind, etwa das Führen ohne Leine, das Hüten durch dritte Personen, Mietsachschäden, der Schutz in der Hundeschule und Urlaubsreisen.

Welche Versicherungen im Einzelnen sinnvoll sind, erklärt Oliver Kirsch, der Geschäftsführer von tierversicherung.biz.

Welche Hundeversicherung braucht man unbedingt?

Ohne wenn und aber - die Hundehaftpflicht. Wenn der eigene Hund einem Dritten einen Schaden zufügt, dann haftet man als Hundehalter in vollem Umfang. Auch wenn einige meinen, der Hund sei in der Privathaftpflicht oder in einer anderen privaten Versicherung enthalten - dies stimmt nicht.

Was ist ein typischer Fall für die Hundehaftpflicht?

Den typischen Fall gibt es nicht - ein Hund ist ein Lebewesen und sein Verhalten ist nicht immer vorhersehbar. Aber sehr häufig ist es so, dass wenn man mit dem Hund zu Besuch bei Freunden ist und die Umgebung für ihn fremd ist, dort etwas passiert. Sei es auch nur, dass er beim Spielen etwas umwirft, eine Fernbedienung, ein Handy oder fremde Schuhe als Kauartikel entdeckt oder er sich ein wenig an der Couch oder am teuren Teppich zu schaffen macht.

Was ist noch sinnvoll?

Wir haben in viele Tarife der Hundehaftpflicht noch einen Hundehalterrechtsschutz eingebaut. Dies schützt vor Rechtsstreitigkeiten aus der Hundehaltung heraus. Über 90 Prozent der Hundehalter entscheiden sich für diese Variante. Darüber hinaus empfehlen wir eine Hunde OP-Versicherung beziehungsweise eine Hundekrankenversicherung. Gerade Operationen können schnell sehr teuer werden. Die Kosten bei einer Kreuzbandriss-Operationen etwa können schnell mehrere tausend Euro betragen. Wünscht man eine komplette Absicherung (inklusive Impfungen und Vorsorgemaßnahmen) dann ist man mit einer Hundekrankenversicherung gut bedient.

Welche Krankenversicherung ist sinnvoller?

Ob man eine OP- oder Krankenvollversicherung wählt, ist Geschmackssache. Für eine Hundekrankenversicherung spricht der Schutz auch bei ambulanten Behandlungen mit kleineren Rechnungsbeträgen. Außerdem gibt es eine hohe Leistungshöchstgrenze (bis zu 5000 Euro pro Jahr). Bei einer OP Versicherung bezahlt man deutlich weniger und hat den Schutz vor den hohen Kosten in Folge von Operationen.

Welche Arten von Hundeversicherung gibt es noch?

Immer größere Beliebtheit erfreut sich auch unsere Hundehaftpflicht speziell für Hundehalter ab 40 Jahren. Hier konnten wir spezielle Leistungserweiterungen und Preisnachlässe verhandeln.

Wird zum Beispiel der eigene Hund von einem fremden Hund gebissen und der Halter ist nicht zu ermitteln, kommt die eigene Hundehaftpflicht für die tierärztlichen Behandlungskosten auf.

Tierversicherung und Tiervision

tierversicherung.biz sind unabhängige Versicherungsmakler in Hürth, die sich ausschließlich auf den Bereich der Tierversicherung spezialisiert haben. In den über zehn Jahren am Markt wurden bereits mehr als 100.000 Tiere versichert. Die beiden Geschäftsführer Oliver Janes und Oliver Kirsch haben in Zusammenarbeit mit Versicherungsunternehmen spezielle Tarife entwickelt, die auf die Bedürfnisse von Tierhaltern zugeschnitten sind.

Zudem entstanden aufgrund der großen Nachfrage nach diversen Tierthemen im Maklerbüro als besonderer Service spezielle Internet-Plattformen. Aus denen wurde Anfang 2013 der Web-TV-Sender www.tiervision.de. Hier werden die Dinge behandelt, die besonders oft angefragt wurden. Gleichzeitig gewann Tiervision die aus der WDR-Sendung „Tier suchen eine Zuhause" bekannte Claudia Ludwig als Moderatorin für eine eigene Tiervermittlung. Immer freitags um 18 Uhr geht das Format, in dem Tiere aus bundesweiten Tierheimen (je zwei Folgen pro Tierheim) vorgestellt werden, online.

Vogelsanger Weg 14
50354 Hürth
Tel.: 022 03/990 760 50
Fax: 022 03/990 760 11
E-Mail: info@tierversicherung.biz
Web: www.tierversicherung.biz

Vermisst & Gefunden

Der Verein Tasso hilft, wenn Fiffy ausgebüchst ist

Seit über 30 Jahren widmet sich TASSO im Tierschutz der Registrierung und Rückvermittlung entlaufener Tiere. So wird mittlerweile alle zehn Minuten ein entlaufenes Tier durch TASSO zurückvermittelt. Daneben unterstützt der Verein verschiedene Tierschutzprojekte im In- und Ausland und weist mit seinen Kampagnen auf wichtige Themen rund um Hund und Katze hin. Die FRED & OTTO-Redaktion sprach mit Andrea Thümmel über die Arbeit von Tasso:

Weshalb ist es so wichtig, sein Tier chippen und registrieren zu lassen?

Ohne die – übrigens kostenlose – Registrierung ist ein entlaufenes Tier so gut wie gar nicht an seinen Besitzer zurückzuvermitteln. Der Chip ist der Personalausweis des Tieres. Der dort gespeicherte 15-stellige Zahlencode wird bei TASSO mit den Tier- und Halterdaten in der Datenbank hinterlegt. So kann sekundenschnell eine Zuordnung eines entlaufenen Tieres zu seinem Besitzer erfolgen.

Muss man für das Registrieren tatsächlich immer noch so viel Öffentlichkeitsarbeit machen?

6,5 Millionen registrierte Tiere in unserer Datenbank hören sich natürlich nach viel an und die Tierärzte unterstützen uns auch seit Jahren mit Aufklärungsarbeit. Dennoch ist bisher nur knapp jedes zweite Tier bei TASSO registriert. Wenn man bedenkt, dass die Registrierung bei TASSO den deutschen Tierheimen Kosten in Millionenhöhe spart, wenn ein Ausreißer anstatt im Tierheim wieder.

Wenn mein Hund weggelaufen ist: Wie bekomme ich ihn am schnellsten wieder?

Der erste Schritt im Verlustfall sollte immer sein, bei TASSO in der Notrufzentrale anzurufen. Dort ist 24 Stunden an 365 Tagen im Jahr ein Mitarbeiter erreichbar, der weiterhilft. Wenn das Tier unsere SOS-Halsbandplakette am Halsband trägt, kann der Finder Ihres Tieres uns anrufen. Die Zusammenführung von Finder und Besitzer geht dann meist ganz schnell. Wichtig ist in diesem Zusam-

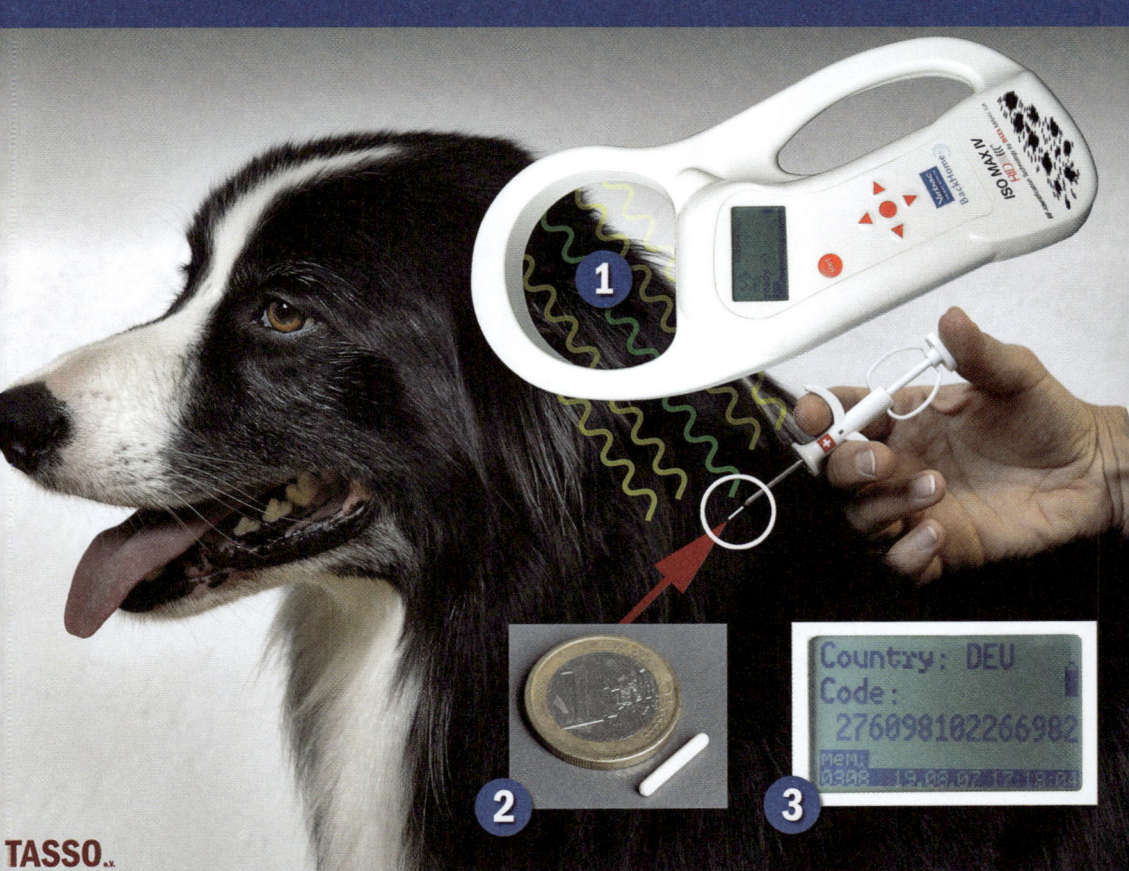

Das Lesegerät (1) sendet sehr schwache Radiowellen aus (gelb), die durch eine Spule im ansonsten völlig inaktiven Transponder (2) in elektrische Spannung umgewandelt werden, und zwar durch die so genannte induktive Kopplung. Diese Energie versorgt den Sender im Transponder, der daraufhin seinen Zahlencode ausstrahlt (grün). Das Lesegerät empfängt den Code und zeigt ihn auf dem Display an (3). Die 15-stellige Zahl besteht aus der Länderkennzeichnung (276 für Deutschland), dem Herstellercode (0981 für Datamars) und der Seriennummer. Weitere Daten enthält der Chip nicht.

menhang, keine private Telefonnummer bei der Suche nach dem Tier zu veröffentlichen. Wir erleben es immer wieder, dass das Erpresser auf den Plan ruft, die ein Tier nur dann zurückgeben, wenn ein Lösegeld gezahlt wird.

Wie sieht eigentlich der Alltag in der Tasso-Zentrale aus? Was sind das für Situationen, die man täglich erlebt?

Tierschutz ist immer mit Emotionen verbunden, auch nach 30 Jahren noch. Oft sind die Kollegen wahre Seelentröster, wenn ein Tier vermisst wird oder weniger erfreuliche Nachrichten übermittelt werden müssen; am nächsten Tag sind sie dann die Helden, wenn das Tier wieder da ist. Lachen und Weinen liegt da ganz nah beieinander und gehört fast schon zum Alltag.

Wie kam es eigentlich zur Gründung von Tasso?

TASSO wurde gegründet, um dem damals vorherrschenden Tierdiebstahl einen Riegel vorzuschieben. Das hat auch

wunderbar funktioniert. Im Laufe der Jahre wurde die Rückvermittlung entlaufener Tier aber immer wichtiger.

Mittlerweile machen Sie ja wesentlich mehr als am Anfang. Wie kam es dazu?

Für viele Tierhalter ist TASSO der Ansprechpartner, wenn es um das Thema „Tier" geht – ganz gleich welcher Art. Neben der Registrierung rückten daher immer mehr Themen in den Vordergrund: Die Aufklärung über unseriöse Hundevermehrer in Deutschland zum Beispiel oder die Tatsache, dass man seinen Hund im Sommer nicht im verschlossenen Auto lässt. So entstand zum Beispiel auch unser eigenes Tier-Vermittlungsportal shelta, auf das Tierheime ihre Vermittlungstiere kostenlos einstellen können.

TASSO-Haustierzentralregister

für die Bundesrepublik
Deutschland e.V.
Frankfurter Str. 20
65795 Hattersheim
Tel.: 06190-93 73 00
Fax: 06190-93 74 00
Mail: info@tasso.net
Web: www.tasso.net

Spendenkonto
Nassauische Sparkasse
Konto: 238 054 907, BLZ: 510 500 15

Werbung

tierversicherung.biz

Telefon: 02233/99076050
Sondertarife im Bereich Hundehaftpflicht und Hundekrankenversicherung

Gesundheit & Wellness

Gesundheit und Wellness sind die großen Themen unserer Zeit. Grundsätzlich gilt: was für den Menschen gut ist, ist es nicht unbedingt auch für den Hund. Aber muss man immer gleich die chemische Keule einsetzen oder gibt es auch Hausmittelchen, die beim Hund helfen? Wie kann man seinem Hund helfen, wenn er verletzt ist und was für Irrtümer über Zecken kursieren, sollte man als Hundehalter schon wissen. Hilft Physiotherapie beim Hund und macht es Sinn, ihn kastrieren zu lassen – das sind alles Fragen, die hier beantwortet werden. Und auch ein Besuch im Hundeschwimmbad ist Thema in diesem Kapitel.

Gesund für Mensch, aber nicht für Hund
Erste Hilfe, nicht nur bei Vergiftungen

Was für den Menschen gesund ist, nämlich viel Obst und Gemüse, kann beim Hund gesundheitsschädlich sein und sogar schwere Vergiftungen auslösen. Das gilt besonders für Trauben und Rosinen, die nach neuesten Untersuchungen in einer Menge von 14 Gramm pro Kilo Körpergewicht sogar zum Tod führen können. Auch Nachtschattengewächse wie Tomaten sind für Hundekörper nicht verträglich. Zwiebeln enthalten das für Hunde giftige Alliin, eine Schwefelverbindung, die auch in Knoblauch enthalten ist und die roten Blutkörperchen zum Platzen bringen kann. Geringe Mengen von Knoblauch sollen jedoch gegen Zecken helfen.

Unverträglich sind auch Avocados. Sie können zur Schädigung des Herzmuskels führen und Nüsse können, wenn sie regelmäßig gefressen werden, wegen ihres hohen Phosphorgehaltes die Hundenieren belasten. Frische Walnüsse, gerne gefressen, können Schimmelpilze enthalten, die zu Nervenkrämpfen führen. Dass Kochsalz und stark gewürzte Speisen nicht verträglich sind, ist allgemein bekannt. Sie können angefangen von Durst über Erbrechen, Durchfall, Koliken, Muskelzuckungen sogar bis hin zu Krämpfen oder zum Tod führen. Das Gleiche gilt für Medikamente, die für Menschen gedacht sind. Genussgifte wie Nikotin bewirken bei Tieren Muskelzittern, Speicheln, Erbrechen und Krämpfe und können eine spätere Hirnlähmung und motorische Störungen hervorrufen. Schokolade hingegen enthält Theobromin, das sich im Körper des Hundes anreichert und bis zum Tod führen kann.

Gefahren in Haus und Garten

Auch bei Frostschutzmittel müssen Hundehalter aufpassen, denn es schmeckt und riecht süßlich und animiert Hunde zum Abschlecken. Das Ethylenglykol ist jedoch nicht nur für Hunde hochgiftig. Giftige Alkaloide sind wiederum in den Zwiebeln von Lilien, Narzissen und Maiglöckchen enthalten. Darum sollte man aufpassen, wenn Hunde sie ausbuddeln. Auch Holunderzweige sind nicht zum Spielen geeignet. Beim Kauen darauf könnte der Hund eine Vergiftung durch Glykoside erleiden. Zu den giftigen Garten- und Zimmerpflanzen gehören unter anderem auch Begonie, Berglorbeer, Blauer Eisenhut, Fuchswurz, Giftkraut, Mönchskappe, Efeu, Wintergrün, Engelstrompete, Falsche Akazie, Robinie, Scheinakazie, Garten-Hyazinthe, Gartentulpe, Buchs, Kirschlorbeer, Thuja und Rosskastanie.

Die vier wichtigen „W's" bei Erster Hilfe

Über die vier „W's", wann, was, wie viel und wie der Hund etwas für ihn Giftiges aufgenommen hat, die beim Tierarzt abge-

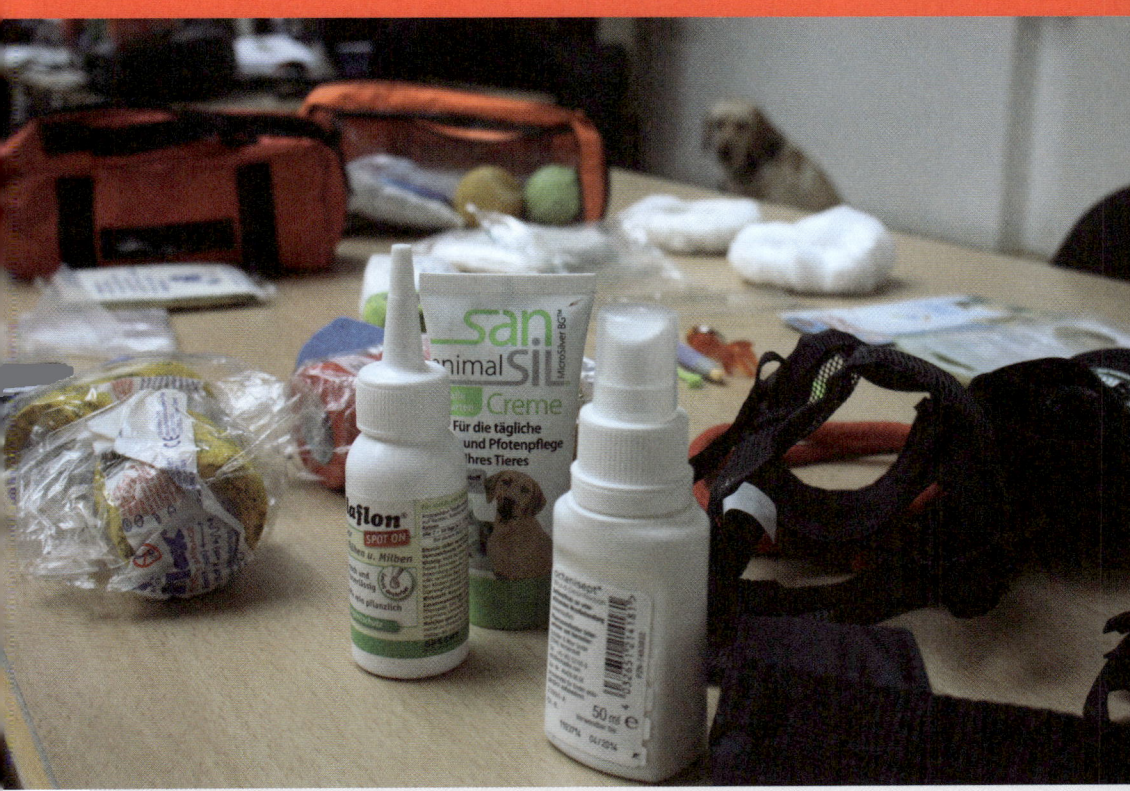

Auch für seinen Vierbeiner sollte man eine Notfall-Apotheke im Haus haben.

fragt werden und lebensrettend sein können, informierte Stefanie Nowarra beim Erste-Hilfe-Kurs für Hunde. Die Dozentin arbeitet ehrenamtlich bei der Rettungshundestaffel der Johanniter Unfallhilfe in Köln. Im ersten von insgesamt vier für 2013 Jahr angesetzten Terminen ließen sich 12 Teilnehmer über Sofort-Maßnahmen bei ihren vierbeinigen Lieblingen unterrichten. Sogar aus Bedburg waren zwei angereist, da es Angebote in Erster Hilfe für Hunde kaum gibt. Auch in Köln war dieser Kurs der erste seiner Art bei den Johannitern. Dabei entsprachen die Lehrinhalte und die von Nowarra vorgestellte Notfall-Apotheke in vielen Punkten denen von Ersthelfer-Kursen für Menschen. Dazu gehörte das Anlegen von Druck- und Pfotenverbänden, den Einsatz des Dreieckstuchs, das Entfernen von Fremdkörpern aus den Augen und der Speiseröhre oder die stabile Seitenlage.

Da Tiere ja nicht sagen können, was ihnen fehlt, war insbesondere das Erkennen von Anzeichen einer Vergiftung ein wichtiger Punkt. Erbrechen und Durchfall, Antriebsschwäche, vermehrter Speichelfluss, Schaum vor dem Maul, Haarausfall oder Bewusstseinsstörungen können laut Nowarra auf die Aufnahme vergifteter Gegenstände oder unverträglicher Lebensmittel hinweisen. „Vergiftungen sind eine heikle Geschichte", wies Nowarra darauf hin, auch an den Eigenschutz beispielsweise bei Stoffen wie Rattengift zu denken. Bei Verätzungen empfahl sie wiederum, nur mit Wasser, statt mit Kamille oder Ähnlichem zu spülen.

Die Mitglieder der Rettungshundestaffel der Johanniter unterrichten in Erster Hilfe für Hunde.

„Ich hoffe, keiner kommt jemals in die Situation, seinen Hund reanimieren zu müssen", leitete Jörn Osenbrück, ebenfalls Mitglied der 12-köpfigen Rettungshundestaffel der Johannitern und wie Nowarra speziell in der Tierrettung ausgebildet, zum Thema Wiederbelebung über. Wie Menschen hätten auch Hunde 60 bis 80 Herzschläge in der Minute, sagte er und zeigte an seinem Labrador den Teilnehmern, wie sie ihren Hund beamten können. „Zunächst muss das Tier auf die rechte Seite gelegt werden, da das Herz links sitzt", zeigte er auf die Stelle an der seitlichen Brust direkt neben der linken Schulter. Bei einem kleinen Hund reiche es, wenn man dort 20 Mal mit zwei Fingern drücke, beim großen Hund könne, wie beim Menschen, mit der ganzen Hand gedrückt werden, erklärte er. Ein zweimaliges Beamten durch die Nase genüge. „Beim kleinen Hund reicht der Restatem nach dem Ausatmen", forderte Osenbrück die Hundehalter zum Ausatmen auf, damit sie ein Gefühl für die Menge bekamen.

„Der Kurs hat genau das abgedeckt, was man als Hundehalter wissen sollte. Kürzer hätte es nicht sein dürfen", urteilt eine zufriedene Kursteilnehmerin. Die 35 Euro, die der Kurs kostet, hielten alle für angebracht. „Solche Kurse sollte es viel mehr geben", war die einhellige Meinung der Teilnehmer.

Was tun im Notfall?

Als erstes Bewusstsein, Atmung und Kreislauf/Lebenszeichen überprüfen. Ein Schock zeigt sich in Unruhe, Zittern, Taumeln, starkem Juckreiz.

Bewusstlosigkeit stellt man fest durch Ansprechen und leichtes Rütteln.
Falls das Tier nicht reagiert:
- Hund auf die rechte Seite legen
- Zunge seitlich aus dem Fang legen
- Kopf überstrecken

Vitalfunktionen überprüfen:
- Blasse Schleimhäute
- Erhöhte Pulsfrequenz
- Kalte Pfoten, Ohren u. Rute
- Geringer o. kein Urinabsatz

Die Normwerte bei Hund sind alters- und größenabhängig:
Körpertemperatur: 37,5 bis 39,4 C°
Pulsfrequenzen: 80 bis 120 Schläge pro Min.
Atemfrequenzen: 20 bis 50 Atemzüge pro Min.
Blutdruck: 150 / 90 +/- 25 mmHg
Blutzuckerwerte: 60 bis 120 mg/dl (3,9 bis 6,7 mmol/l) nüchtern

Tipps für die Notfall-Apotheke

- Fieberthermometer
- Zeckenzange
- Rettungsdecke
- Pfotenschutz
- Mullbinden
- Wundauflagen
- Breites Heftpflaster
- Schere
- Vaseline
- Plastikspritzen
- Wasserstoffperoxid 3 Prozent
- Kalt / Wärme Packungen
- Maulkorb
- Schmerztabletten (vom Tierarzt)
- Betaisadona (Desinfektion)
- Rivanol (zur Kühlung und Desinfektion)
- Kohletabletten

Infos gibt es unter www.juh-koeln.de

Werbung

Homöopathisch und natürlich

Heil- und Hausmittel nicht nur aus der (Hexen-)Küche

Auch bei Hunden können Homöopathie und Hausmittel aus der Natur oftmals genauso gute Dienste leisten wie chemische Produkte. „Viele Hunde reagieren empfindlich auf Penicillin. Da kann man durchaus auch Erfolge mit Homöopathie oder Laser-Akupunktur erzielen", sagt Dr. Klaus Eckert. Bei schweren Verletzungen hält er diese Naturheilmittel jedoch für nicht angebracht. Leichtere Probleme mit den Atemwegen, der Verdauung, dem Skelett, Muskeln und Sehnen, dem Nervensystem oder Herz und Kreislauf, Entzündungen oder Fieber können jedoch gut mit natürlichen Mitteln behandelt werden. In der Regel gilt, dass innerhalb von 24 Stunden

17 homöopathische Mittel für die Hausapotheke

- Aconitum bei Schock und Fieber
- Apis bei Stichen, Schwellungen, Entzündungen
- Arnica bei Verletzungen, Überanstrengung, Kreislaufproblemen
- Arsenicum Album bei Durchfall, Futtervergiftung, Sepsis
- Belladonna bei akuten Erkrankungen
- Chamomilla bei Zahnwechsel, Hautentzündung
- Cantharis bei akuten Harnwegsinfekten, Verbrennungen
- Cocculus bei Reisekrankheit
- Drosera bei Husten
- Euphrasia bei akuten Augenentzündungen, Verletzungen
- Hepar sulfuris bei Eiterungen, Entzündungen von Kehlkopf oder Luftröhre
- Hypericum bei Nervenerkrankungen, Bandscheibenprobleme
- Lachesis bei schweren Infektionen, Streuung in die Blutbahn
- Ledum bei Stichen, Impfungen
- Nux Vomica bei Erbrechen, Durchfall, Vergiftungen
- Rhus toxicodendron bei Verstauchung, Zerrung, Überlastung
- Staphisagria bei Schnittverletzungen, Operation

Für Notfälle sollte man in jedem Fall noch die Bachblüten-Globuli Rescue oder Rescue Tropfen im Haus haben.

nach der Gabe eines homöopathischen Mittels die Besserung eintritt, ansonsten muss man doch zu stärkeren Mitteln greifen.

Für die kleine homöopathische Hausapotheke eignen sich die Potenzen D6, D12 oder C30 am besten. Letztere muss man meist nur einmalig (fünf Globuli) geben, die anderen Potenzen zwei bis dreimal täglich fünf bis sechs Globuli. Im akuten Fall gibt man D6 oder D12 alle 30 Minuten, was man bis zu zehn Mal am Tag wiederholen kann. Danach sollte man langsam runterdosieren, also am nächsten Tag noch dreimal, am übernächsten zweimal. Bei C30 sollte schon nach sechs bis acht Gaben eine Besserung eintreten.

Die Globuli können einfach ins Maul gegeben werden. Sie schmecken süß und werden gerne genommen. Falls nicht, kann man sie auch in Wasser auflösen und mit einer Einwegspritze (ohne Nadel) ins Maul spritzen. Generell sollten sie aber nicht mit Metall in Berührung kommen, deshalb besser einen Plastiklöffel und Kunststoffspritzen nehmen.

Natürlich aus Haus und Garten

In der Natur gibt es jede Menge einfache Mittel, die sich für verschiedene Anwendungen bei Mensch und Tier eignen. Neben der heilenden Wirkung haben sie zumeist durch ihre Vitamine und Pflanzenstoffe noch einen gesundheitsfördernden Aspekt.

Gegen Ungeziefer

Bei Flohbefall kann man statt herkömmlicher Flohsprays ganz einfach zwei in Viertel geschnittene Zitronen mit einem halben Liter kochendem Wasser überbrühen. Den abgekühlten Sud (ohne die Zitronen) gibt man in eine Sprühflaschen und sprüht den Hund damit täglich ein. Ein Tropfen Zedernholzöl mit einem Esslöffel Oliven- oder Mandelöl vermischt hat die gleiche Wirkung und hilft auch gegen Läuse. Das Gleiche gilt für Teebaumöl und Knoblauchwasser, das auch Zecken fernhält.

Verletzungen

Johanniskrautöl, dass man fertig kaufen oder auch selbst herstellen kann (dazu Johanniskrautblüten mit Olivenöl übergießen und sechs Wochen abgedeckt an einem warmen Ort ziehen lassen, dann abseihen) ist ideal zur Erstversorgung von Brandwunden oder bei leichten Erfrierungen. Auch bei Verstauchungen, Verrenkungen, Blutergüssen und bei überanstrengter Muskulatur kann Johanniskrautöl einmassiert werden. Bei entzündeter Haut und Juckreiz verschafft es Linderung und unterstützt die Heilung.

Eine gemahlene Eierschale, auf eine offene Wunde gestreut, stoppt sie die Blutung.

Vitamine – nicht nur fürs Fell

Karotten bewirken eine kräftigere Pigmentierung des Fells. Außerdem enthalten sie Mineralien, Spurenelemente und Vitamin A. Die Blutbildung wird angeregt, der Stoffwechsel reguliert und das Wachstum gefördert. Besonders beim Fellwechsel sind sie ein hilfreiches Naturheilmittel, das gut für das Haarkleid und die Krallen ist.

Ein natürlicher Trieb bei Hunden: Grasfressen hilft der Verdauung.

Eierschalen als Futterzusatz gleichen einen Kalziummangel aus. Dazu mischt man einen Teelöffel gemahlene Eierschale unter das Futter.

Kaltgeschleuderter Honig wirkt Wunder bei Appetitlosigkeit, Ermüdung, Blutarmut, eignet sich zur Wund- und Hautpflege und zur Stoffwechselanregung. Er liefert Mineralien, Vitamine und das entzündungshemmende Enzym Inhibin. Bereits ein Löffel am Tag im Futter wirkt bakterien- und entzündungshemmend bei Hals- Magen- und Darmbeschwerden.

Essig eignet sich zur Fell- und Hautpflege, bei Juckreiz, Insektenstichen und zur Desinfektion. Ein täglicher Esslöffel verdünnter Apfelessig im Futter stärkt die Immunabwehr und entschlackt den Körper. Äußerlich angewendet wirkt Essig bei kleineren Wunden antiseptisch und antibakteriell und verschafft auch bei Insektenstichen Linderung durch Auftupfen. Hundebürsten können zur Desinfektion in Essigwasser (Mischungsverhältnis 1:1) gelegt werden.

Samen, Nüsse und Pflanzenöle dienen als Nahrungsergänzung bei Verstopfung, Hautproblemen, Wurmbefall, zur Fellpflege und bei gestörtem Fettstoffwechsel. Sie sind reich an Vitamin B, Vitamin E und enthalten Eiweiß. Kleine Mengen Sonnenblumen-, Oliven- oder Rapsöl eignen sich als gesunder Futterzusatz.

Weizenkeime helfen bei Schwächezuständen und Herz- Kreislaufstörungen, Kürbiskerne gegen Wurmbefall. Erdnüsse, Haselnüsse und Walnüsse sorgen für ein glänzendes Fell. Sie können in kleinen Mengen als Leckerli zwischendurch gegeben werden.

Brennesseln helfen bei Allergien, Juckreiz, Fell- und Hautproblemen. Sie wirken stoffwechselfördernd, helfen bei der Blutbildung und regen die Drüsentätigkeit an. Ins Futter gemischt werden ein bis zwei Esslöffel junger Triebe, frisch abgekocht oder getrocknet.

Äpfel kann man gerieben untermischen. Sie dienen der Gebiss- und Darmreinigung und helfen bei Verstopfung und Durchfall, weil sie Giftstoffe in Magen und Darm binden. Falls der Hund das nimmt, kann man ihm ein Stück Apfel zu Zahnreinigung geben, was Bakterien auf Zähnen und Zahnfleisch reduziert.

Die Anwendung von Knoblauch bei Hunden ist umstritten. Zuviel von dem darin enthaltenen Alliin (etwa fünf Gramm pro Kilo Körpergewicht) soll die Blutplättchen verkleben. In Maßen aber wirkt er verjüngend und hilft bei Arthrose. Äußerlich angewandt ist Knoblauchwasser unbedenklich und hilft gegen Pilze, Bakterien, Ungeziefer und heilt kleine Wunden.

Gut für den Darm

Quark, Käse, Buttermilch und Joghurt liefern hochwertiges Eiweiß, Vitamine, Kalzium und sorgen für ein gutes Darmklima. Hat der Hund immer wieder Verdauungsprobleme mit Durchfall und Blähungen kann man eine Darmsanierung durchführen. Dazu verwendet man gekochten Leinsamen, der die Darmperistaltik anregt und das Absetzen von Kot fördert. Auch Aloe Vera-Saft reinigt und nährt den Darm und wird besonders bei Darmerkrankungen, Atemwegs- und Hauterkrankungen und zur Stärkung des Immunsystems eingesetzt.

Kleie als Futterzusatz ist gut zur Darmreinigung des Hundes. Hilfreich ist auch unter das Futter gemischte Heilerde, mit der Schadstoffe gebunden werden können. Intestinum Liquid ist ein speziell für Hunde und Katzen hergestelltes Produkt zum Aufbau der Darmflora. Und auch ein bis zehn Tropfen (je nach Größe des Hundes) Propolis im Futter sind gut für den Darm und wirken entzündungshemmend. Grundsätzlich helfen alle Mittel dem Darm, die probiotisch sind oder Hefen enthalten (z.B. Symbio-Pet, Animal Biosa).

Brennesseln und Kamille sind nützliche Helfer bei allerlei Beschwerden.

Gerüchteküche Spinnentiere
Die häufigsten Irrtümer über Zecken – und was man gegen sie tun kann

Zecken sind ein Feindbild für jeden Hundebesitzer. Nicht nur, dass man sich selbst beim Gassigehen leicht eine Zecke einfangen kann, auch Hunde leiden oftmals unter den winzig kleinen Spinnentieren, um die sich jede Menge Gerüchte ranken. Dazu gehört etwa, dass Zecken sich vom Baum fallen lassen. Das ist Unsinn: die kleinen Achtbeiner sitzen nicht in den Baumkronen, sondern vielmehr auf niedrigen, nur bis zu etwa eineinhalb Meter hohen Gräsern, Büschen und Sträuchern. Von dort aus lassen sie sich ganz einfach von Tier oder Mensch abstreifen. Das Hallersche Organ in ihren Vorderbeinen, mit denen sie wedeln, ist quasi die Nase der blinden Insekten. Damit können sie bestimmte Bestandteile des Schweißes wie Buttersäure und Ammoniak, aber auch das ausgeatmete Kohlendioxid wahrnehmen und so das potenzielle Opfer erkennen.

Zecken haben kein Gewinde

Da der Stechapparat der Zecke kein Gewinde aufweist, müssen die Tiere auch nicht herausgedreht werden. Am besten löst man eine festsitzende Zecke mit einer speziellen Zeckenzange, die einen immer enger werdenden Schlitz aufweist. Damit wird die Zecke möglichst weit vorne am Kopf eingekeilt und dann gezogen. Dabei ist wichtig, dass der Kopf mit erwischt wird und nicht in der Wunde steckenbleibt, da er sonst vom Tierarzt herausoperiert werden muss.

Herkömmliche Pinzetten quetschen den Zeckenleib und drücken so Krankheitserreger in die Wunde. Darum sollte man nur sehr spitze und feine Pinzetten verwenden, mit denen man die Zecke ganz vorne am Kopf erfassen kann. Ist beides nicht zur Hand, kann man auch einfach seine Fingerspitzen benutzen. Man ertastet ganz genau, wo der Zeckenkopf in der Haut sitzt, ergreift sie mit den Fingernägeln (das geht auch mit ganz kurzen) und zieht sie heraus. Das ist die natürlichste und einfachste Methode. Man muss sich nur einmal überwinden. Denn hierbei kann die Zecke weder zerdrückt, noch der Kopf abgerissen werden.

Kaum tot zu kriegen

Die Zecke mit Klebstoff oder Öl zu beträufeln, ist indes ungeeignet. Die Zecke erstickt zwar im Zweifel, hat aber noch reichlich Zeit, Krankheitserreger in die Wunde zu übertragen. So schnell stirbt so eine Zecke nämlich nicht, denn die Spinnen-

Zecken leben auf Grashalmen und sind quasi „unkaputtbar".

tiere sind überaus robust. Im Labor haben Wissenschaftler schon Exemplare untersucht, die nach einer einzigen Blutmahlzeit zehn Jahre lang ohne Nahrung überlebten. Selbst eine „Fahrt" in der Waschmaschine ist kein Problem für sie. Bis zu 40 Grad Celsius kann eine Zecke unbeschadet überstehen, kritisch für sie wird es erst ab 60 Grad.

Auch im Wasser sind die Spinnentiere weiter lebensfähig. Unter Wasser können sie und ihre Larven mehrere Wochen überstehen. Der Abfluss des Waschbeckens macht ihnen also nicht den Gar aus, hier besteht schlimmstenfalls sogar die Gefahr, dass sie wieder heraus kriechen. Wenn man sie aber in der Toilette wegspült, sind sie zumindest schon mal aus der Wohnung entfernt. Aus dem Kanal schafft es keine Zecke wieder zurück, zumal Laufen und Schwimmen nicht die Stärken der Spinnentiere sind.

Und selbst das Gefrierfach eines Kühlschranks ist kein Todesurteil für die Achtbeiner. Bei Minus acht Grad Celsius überleben sie locker 24 Stunden. Erst im Gefrierschrank bei 20 Grad Minus über einen längeren Zeitraum sterben sie ab. Darum empfehlen manche Mediziner, die Zecken, insbesondere die, die sich schon vollgesogen haben, nach dem Entfernen in einem ausbruchsicheren Frühstücksbeutel einzuschließen und einzufrieren. So lässt sich das Spinnentier, wenn es etwa zu der auf einen Borrelienbefall hindeutenden Wanderröte kommt, später noch im Labor auf Krankheitsüberträger untersuchen. Und Zertreten lassen sich Zecke nur, wenn sie sich dick vollgesogen haben, denn ihr Körper ist ansonsten hart gepanzert.

Gefährliche Krankheitsüberträger

Wer oft im Wald unterwegs ist, kann sich und seinen Hund gegen Borreliose oder auch gegen die gefährliche Hirnhautentzündung, die in erster Linie in südlichen und östlichen Teilen Deutschlands sowie in Österreich und der Schweiz von Zecken übertragen wird, impfen lassen. Aber auch das gewährt keinen hundertprozentigen Schutz vor allen Krankheitserregern, die Zecken übertragen können.

Wichtig ist in jedem Fall, die Zecke so schnell wie möglich nach dem Festbeißen zu entfernen, denn im Gegensatz zu den FSME-Erregern, die die Meningitis hervorrufen, wird die Borreliose erst zeitversetzt nach mehreren Stunden übertragen. Hinweise auf übertragende Borrelien ist nach einem Zeckenbiss bei Mensch und Hund ein bis zu faustgroßer roter Fleck um die Einstichstelle herum. Er heißt „Wanderröte", weil er manchmal zu einer anderen Körperstelle wandert.

Was hilft gegen Zecken?

Tierarzt Dr. Klaus Eckert empfiehlt eine Zeckenvorsorge von Ende Februar bis Ende November. Dazu gibt es gut wirksame chemische Spot-On-Präparate, Zecken- und Flohhalsbänder. Allerdings sind die auch für Kleinkinder giftig und nicht für jeden Hund gleichermaßen verträglich. Als Alternative gibt es laut Aussage des Tierarztes auch Halsbänder, Spot-On-Präparate oder Sprays mit Teebaum- und Zitronenöl sowie Lavendel oder Pfefferminz, die allerdings weniger wirksam sind.

Es gibt auch Hundebesitzer, die auf Knoblauch gegen Zecken schwören. Ins Futter gemischt, soll der Geruch die Insekten abschrecken. Hierbei ist allerdings die Dosierung wichtig, da zuviel Knoblauch die Blutplättchen des Hundes verkleben kann. Andere empfehlen einen Zeckenschutz-Chip am Halsband, der den Hund mit Hilfe von Bioresonanz vor Zecken schützen soll. Er kostet um die 25 Euro und soll 24 Monate halten. Auch Einreibungen mit Kokosöl sollen helfen, die Spinnentiere abzuschrecken.

Kastration und Sterilisation
Pro & Contra

Hündinnen werden sterilisiert, Rüden kastriert, lautet die allgemeine Meinung. Die trifft jedoch nicht zu, denn es gibt einen himmelweiten Unterschied zwischen beidem. Bei einer Sterilisation werden nur die Eileiter oder Samenstränge durchtrennt oder abgebunden (Letzteres kann auch wieder rückgängig gemacht werden). Bei einer Kastration werden die Eileiter und die Gebärmutter beziehungsweise die Hoden ganz entfernt.

Eine Sterilisation ist demnach eine reine Empfängnisverhütung, die bei Tieren wenig Sinn macht. Hündinnen werden weiterhin läufig und können genauso häufig wie unsterilisierte Tiere an Gebärmutter- oder Gesäugekrebs, Zysten sowie an Gebärmutterentzündung erkranken. „Die Erkrankungsgefahr bei unkastrierten Tieren ist deutlich höher", erklärt Dr. Klaus Eckert die Vorteile des Eingriffs. Auch der Wahlscheider Tierarzt hält allerdings eine Kastration aus reiner Bequemlichkeit, nämlich um die Läufigkeit der Hündin zu verhindern, für fragwürdig. „Das muss man von Fall zu Fall entscheiden", weist er darauf hin, dass es sich um einen operativen Eingriff in Vollnarkose handelt, bei dem der Bauchraum geöffnet wird.

Auch über den besten Zeitpunkt dafür gibt es laut Eckert keine gesicherte Meinung.

„Die Amerikaner tendieren dazu, die Tiere schon mit sechs bis sieben Monaten zu kastrieren, um Zysten an den Keimdrüsen zu verhindern", erzählt der Tierarzt davon, dass zur Zeit seines Examens Anfang der 90er Jahre eher die Meinung vorherrschte, eine Hündin zunächst ein- bis zweimal heiß werden zu lassen, damit sie ihre Persönlichkeit entwickeln kann. Zwar sei das Risiko von Gesäugetumoren bei einer frühen Kastration auf ein Minimum reduziert, aber die Hündin sei dann weder körperlich, noch geistig voll ausgereift und es bestehe die Gefahr von Entwicklungsstörungen.

Abgesehen davon erleiden die Tiere erhebliche Schmerzen durch den Eingriff, haben das Narkoserisiko und müssen die Veränderung des Hormonhaushalts verkraften, was unter Umständen auch zu Ängstlichkeit oder anderen Persönlichkeitsstörungen führen kann. Hinzu kommen Veränderungen des Fells, vor allem bei langhaarigen Hunden, und des Stoffwechsels (Gewichtszunahme) sowie die Gefahr von lebenslanger Harninkontinenz.

Die Kastration des Rüden

„Bei Rüden ist der häufigste Grund für eine Kastration, Aggression zu verhindern. Die Tiere sind anschließend häuslicher und umgänglicher, aber auch etwas träger", sagt

Tierarzt Dr. Klaus Eckert hält Kastrationen nur bei hormonbedingten Problemen für sinnvoll.

Eckert. Der Grundumsatz werde jedoch reduziert und das Futter müsse angepasst werden, erklärt er. „Nichtkastrierte Rüden haben ein 80 bis 90 Prozent höheres Risiko, ab einem Alter von etwa acht Jahren an der Prostata zu erkranken", weist der Tierarzt auf die Vorteile des Eingriffs hin.

Bei Erziehungsproblemen hilft er indes nicht. Das bestätigt auch Alexandra Stück vom Hundezentrum Alex. Darum führt sie unter anderem eine Kastrationsberatung durch. Dabei empfiehlt sie, nur Hunde zu kastrieren, deren Verhaltensprobleme auf die Sexualhormone zurückzuführen sind. Aggressionen sind das nicht grundsätzlich, sagt sie. Lediglich dem Hinterherlaufen von Hündinnen oder dem Gerangel um eine Hündin könne damit entgegengewirkt werden. Allerdings ist der Eingriff auch beim Rüden ein großer Einschnitt im Hormonhaushalt mit Fell- und Stoffwechselveränderungen. Zudem werden kastrierte Tiere von ihren unkastrierten Geschlechtsgenossen oft nicht mehr als Rüden wahrgenommen. Damit ist Mobbing vorprogrammiert.

Physiotherapie bei Hunden

Schnelle Hilfe bei vielen Beschwerden

Wie beim Menschen leistet die Physiotherapie auch bei Hunden sehr gute Dienste. Massagen gegen Muskelverhärtungen, Ultraschall und Reizstrom bei Wirbelsäulenerkrankungen, Blutegeltherapie bei Entzündungen sowie manuelle Lymphdrainage, Thermo-Kryo- oder Magnetfeldtherapie, passive und aktive Bewegungstherapie sind Maßnahmen, mit denen die ausgebildete Tierphysiotherapeutin Christiane Pouillon und ihre Kollegin Sonja Affelski Hunden schnell wieder auf die Beine helfen.

Herzstück der Praxis Wasserfall ist das Hundeschwimmbad. „Die Schwimmtherapie ist das Beste bei Arthrosen", weist Christiane Pouillon auf die gelenkschonende Auftriebskraft des Wassers hin. Das Eigengewicht des Hundes verringert sich dabei um bis zu 90 Prozent, was durch Hundeschwimmwesten noch unterstützt wird. So können Gelenke, Wirbelsäule und Bänder schonend bewegt werden. Das trägt zum Muskelaufbau bei chronischen Erkrankungen, gelähmten oder operierten Gliedmaßen bei, stärkt das Herz-Kreislaufsystem und ist ein gutes Konditionstraining bei Übergewicht.

Nach einem etwa einstündigen Erstgespräch, einer ausführlichen Untersuchung und Auswertung aller Befunde, legen die Tierphysiotherapeutinnen einen auf die Bedürfnisse des Tieres abgestimmten Therapieplan fest. Sämtliche halbstündigen Therapien kosten 29 Euro.

Die Physiotherapeutin Christiane Pouillon hilft Hunden bei vielen Beschwerden.

Wasserfall

Physiotherapeutische Praxis für Tiere
Christiane Pouillon
Selma-Lagerlöf-Straße 71
50859 Köln/Weiden
Tel.: 022 34/ 435 72 72
E-Mail: info@wasserfall-koeln.de
Web: www.wasserfall-koeln.de

Gesundheit für Fellnasen und Federträger
Ein umfangreiches Behandlungsspektrum

Dr. Miriam Golestan und René Hendricks verarzten Tiere aller Art.

Hund, Katze, Maus sind die Patienten von Dr. Miriam Golestan und René Hendricks. Seit November 2012 betreiben die beiden Tierärzte die Kleintierpraxis „Fell & Feder" in Dünnwald. Dort behandeln sie nicht nur Vierbeiner und Warmblüter, sondern auch Federvieh und Reptilien. Zu ihrer komplett ausgestatteten modernen Praxis mit OP-Raum mit Inhalations-Narkosegerät, digitalem Röntgengerät, Ultraschall und eigenem Labor für Mikrobiologie und Blutuntersuchungen gehört auch eine Pflegestation. In der können sich die tierischen Patienten nach größeren Eingriffen erholen.

Sämtliche Untersuchungen und Behandlungen (bis auf die Knochenchirurgie) bieten die erfahrenen Tierärzte in ihrer Praxis an. Dazu gehört auch der Sachkundenachweis für Hunde sowie umfangreiche Beratungen und Informationen etwa zum Thema Impfung, insbesondere bei Reisen in südliche Länder. An sechs Tagen in der Woche, einschließlich mittwochs nachmittags und samstags vormittags, in die beiden Tierärzte für ihre Patienten da. Ihr Engagement zeigt sich auch in ihrem Einsatz für die Insassen des Tierheims Helenhof in Hürth.

Tierarztpraxis FELL & FEDER

Dr. Miriam Golestan • René Hendricks
Berliner Straße 876
51069 Köln Dünnwald
Tel.: 02 21/977 799 30
E-Mail: info@tierarztpraxis-fellundfeder.de
Web: www.tierarztpraxis-fellundfeder.com

Der Hund im Jahresverlauf

Auch Tiere haben unterschiedliche Bedürfnisse

Hundemenschen sind immer draußen – egal, ob Sommer oder Winter. Und sie können sich immer entsprechend anziehen. Das können Hunde nicht. Darum ist je nach Jahreszeit einiges zu beachten. Im Sommer etwa sollte man Spaziergänge nicht in die Mittagshitze verlegen. Stattdessen lieber frühmorgens oder abends einen längeren Spaziergang machen. Denn Spielen und Toben in der prallen Sonne kann zu einem Hitzschlag führen.

Auch der Spaziergang an Gewässern ist im Sommer schön für die Tiere. Es gibt zwar viele, die wasserscheu sind, aber andere nutzen gerne die Möglichkeit zu einem Sprung ins kalte Nass. Selbst die Wasserscheuen sind gute Schwimmer und sind sie einmal drin, genießen sie es letztlich doch. Um die Leidenschaft zu wecken, können Besitzer mit ein paar Hundeschwimmstunden nachhelfen. Eine besondere Fellpflege braucht es danach nicht. Am Rheinufer in Poll oder Rodenkirchen gibt es gute Möglichkeit zum Schwimmen für Hunde.

Wichtig ist auch bei starker Sonneneinstrahlung, den Hund nicht im Auto zu lassen. Auch wenn das Fahrzeug im Schatten steht und ein Fenster geöffnet ist, ist das Risiko des Überhitzens zu groß. Das Auto kann sich auf Saunatemperaturen aufheizen, was der Hund unter Umständen mit seinem Leben bezahlt.

Impfen und Entwurmen nicht nur im Sommer

Regelmäßige Impfungen und Wurmkuren unabhängig von der Jahreszeit empfiehlt Tierarzt Dr. Klaus Eckert. Wichtig sind laut seiner Aussage im europäischen Bereich insbesondere Impfungen gegen Staupe, Hepatitis, Babovirose und Tollwut – Letzteres, obwohl derzeit keine Tollwutfälle bekannt sind. Sie wird durch Leptospieren ausgelöst, die Ratten und Mäuse im Urin übertragen und auch von Füchsen weitergegeben werden können.

Zum Schutz der Familienmitglieder und insbesondere kleiner Kinder rät Eckert zu regelmäßigen Wurmkuren. Auch in Köln und Umgebung gebe es viele Füchse, die den gefürchteten Fuchsbandwurm übertragen könnten, sagt er. Zwei- bis viermal

Hunde mit wenig Unterwolle brauchen im Winter einen Kälteschutz.

im Jahr sollten Hunde entwurmt werden, Jagdhunde sogar alle vier Wochen.

Hunde im Winter

Im Winter sollte man auf die Pfoten des Hundes aufpassen. Denn Streusalz und Splitt sind für den Hund eine echte Qual. Durch kleine Risse in den Ballen dringen Salzwasser oder Splittkörner ein, die brennen. Deshalb rät der Tierarzt im Winter, die Pfoten mit Vaseline oder speziellem Pfotenbalsam einzureiben. Was die Kälte angeht, so reicht das Fell eines Hundes normalerweise als Schutz aus. Nur ältere Hunde oder Hunde mit dünnem Fell wie beispielsweise Windhunde müssen mit Hundekleidung geschützt werden.

Wassersport als Therapie und Spaß

Das Hundeschwimmbad „Wasserfall" in Weiden

„Zehn Minuten schwimmen ist wie eine Stunde neben dem Fahrrad herlaufen", sagt Christiane Pouillon. Die geprüfte Tierphysiotherapeutin setzt auf die gelenkschonende Auftriebskraft des Wassers etwa zum Muskelaufbau nach Operationen oder bei Arthrose. An der leiden insbesondere große Hunderassen, weil sie so schnell wachsen, wie Christiane Pouillon erklärt. „Wenn Hunde Wasser lieben, ist es mehr Spielen, als Therapie", sagt sie und deutet auf den 19-monatigen Charon. Der riesige weißschwarze Landseer kann es kaum erwarten, ins Schwimmbad zu kommen. Sein Frauchen Claudia hat Mühe, ihn zu halten.

Bereits zum vierten Mal besuchen die beiden das Hundeschwimmbad in Weiden, das die Tierphysiotherapeutin seit März 2013 unter dem Namen „Wasserfall" betreibt. 2,50 mal vier Meter groß und 1,15 Meter tief ist der 29 Grad warme Indoorpool, in dem Charon und Claudia regelmäßig schwimmen. Von einem richtigen Pool für Menschen ist er optisch durch nichts zu unterscheiden. Einzig die Pumpe sei doppelt so stark wie eine herkömmliche, erklärt Christiane Pouillon, denn der Pool muss von den Unmengen an Haaren befreit werden, die beim Hundeschwimmen im Wasser landen.

„Welches Spieli nehm ich mit ins Wasser?"

„Gemeinsames Schwimmen stärkt die Bindung", erklärt sie, als Charon mit Claudia ins Wasser steigt. Letztere ist dabei vollständig bekleidet. „Das muss so sein wegen der Krallen", sagt die Hundebesitzerin, die damit auch Prävention betreiben möchte. Schließlich habe Charon schon jetzt manchmal Probleme mit dem Aufstehen. Außerdem gebe es sonst wenige Möglichkeiten, gemeinsam mit ihm im Wasser zu planschen, erzählt sie. Wie großen Spaß die beiden dabei haben, kann man beim Zuschauen unschwer erkennen. Die 18 Euro, die das kostet, sind daher für Claudia gut investiert.

Wie sie überhaupt dazu kam, ein Schwimmbad für Hunde zu eröffnen, erzählt die ehemalige Tierarzthelferin, die nach der Kin-

Vierbeinige Wasserratten haben großen Spaß im Hundeschwimmbad.

derpause ein neues Betätigungsfeld suchte: So lernte sie im Rahmen ihrer 18-monatigen Ausbildung zur Tierphysiotherapeutin eine Dozentin kennen, die in Düsseldorf das Hundeschwimmbad „Gangwerk" betreibt. Da dort die Nachfrage sehr groß war und Christiane Pouillon Wasser als effektives Therapiemittel bei Gelenk- und Wirbelsäulen-, aber auch Gewichtsproblemen kennenlernte, wollte sie das auch in Köln anbieten. Im März 2013 eröffnete sie dann ihre Praxis. „Damit ist mein Traum in Erfüllung gegangen", und Christiane Pouillon führt stolz durch ihre Räume: Zu denen gehören außer dem Gymnastik- und Umkleidebereich, vor dem Schwimmbad die Therapieräume, in denen sie Tieren mit Massagen, Ultraschall, Bewegungs- oder Blutegeltherapien hilft. „Das ist das Beste gegen Entzündungen aller Art", erklärt Christiane Pouillon das breite Spektrum an Therapiemöglichkeiten auch bei Tieren. Dazu gehören auch Dinge wie ein Trampolin für erste behutsame Bewegungen nach Operationen sowie bei Gleichgewichtsstörungen, Gymnastikbälle für Wirbelsäulenstreckungen oder Kegel zum Slalomlaufen.

Werbung

Wasser FALL
Physiotherapeutische Praxis für Tiere

Christiane Pouillon
geprüfte Tierphysiotherapeutin

Selma-Lagerlöff-Str. 71, 50858 Köln/Weiden
+49 (0) 2234 / 435 72 72, +49 (0) 1573 / 405 1 404
info@wasserfall-köln.de, www.wasserfall-köln.de

Mehr Infos

www.wasserfall-koeln.de

Nicht nur der Schönheit wegen
Zu Besuch bei der Hundefriseurin

„80 Prozent haben Angst", sagt Alexandra Stück. Die Hundefriseurin, Verhaltenstrainerin und Inhaberin einer Hundepension schert alle Rassen, auch große wie Bernhardiner und Doggen sowie Tierheimtiere, wie sie sagt. Im Hundezentrum Alex, das sie in Zollstock betreibt, nimmt sie sich viel Zeit für jeden einzelnen Kandidaten. „Das ist mir wichtig", sagt sie. Der Besitzer könne auf Wunsch anwesend sein. Das wird manch einem aber zu lange. So ist das Frauchen von Kuba, einem Elo (eine noch nicht anerkannte junge Hunderasse als Mischung aus Bobtail, Chow-Chow und Eurasier), im ersten Moment etwas entsetzt, als sie hört, dass das Scheren zwei Stunden dauern soll.

„Vielleicht geht es auch schneller", sagt Stück. Das hänge davon ab, wie das Tier reagiere. Sie nehme immer das Körperteil, das der Hund ihr gerade anbiete. Der Hund

Alexandra Stück befreit Kuba von seinem dicken Fell.

Ein getrimmter Königspudel

fühlen, wie sie sagt. Schließlich dient die Anwendung ja nicht nur der Schönheit, sondern auch der Erleichterung an warmen Tagen, so wie bei Kuba. Im Frisiersalon im hinteren Teil des Ladenlokals wartet daher neben fein säuberlich aufgereihten Scheren, Messern, Bürsten und Kämmen auch eine Hundebadewanne.

Mehr Infos

www.hundezentrum-alex.de

solle schließlich entspannt bleiben und nicht zuviel Stress haben, erklärt die Hundefriseurin. Als der wuschelige Kuba schließlich angeleint auf der Bank steht und zwar wild hechelt, aber ansonsten ganz ruhig bleibt, während die Hundefriseurin ihm mit der Schermaschine durch das dicke Fell fährt, ist auch das Frauchen entspannt. „Ich wollte, dass er etwas Erleichterung bekommt bei dem dicken Pelz", erklärt sie den ersten Besuch beim Hundefriseur. Dabei war ich wichtig, dass das Fell nicht zu kurz geschnitten wird, da auch Hunde Sonnenbrand bekommen können, wie sie sagt.

„Hundefriseur ist keine geschützte Berufsbezeichnung", erzählt Stück, dass sie zu ihrer Ausbildung als Verhaltenstrainerin eine zweiwöchige Ausbildung dafür gemacht hat. Es gebe wie überall gute und schlechte. Der Unterschied liege insbesondere darin, wie mit den vierpfotigen Kunden umgegangen wird, nachdem Herrchen und Frauchen gegangen sind. „Manche sind da ganz schön ruppig", weiß sie. Bei ihr soll sich jedoch jeder Kandidat wohl

Werbung

piccobello

Die waschbare Hundewindel.

www.piccobello-hundewindel.de
Telefon: 03222-8839930

Die perfekte Lösung für inkontinente Hunde und läufige Hündinnen!

22,90 Euro

Wartende Hunde
Barbara Wrede

Ein rührender Bildband für alle Hundefans - und treue Menschen!

Überall im Buchhandel
Mehr Infos unter
www.fredundotto.de
ISBN: 978-3-9815321-2-8

Tierarztsuche leicht gemacht

Wie Software-Entwickler Thomas Hinze auf den Vetfinder kam

Thomas Hinze mit seinem Hund Rex, quasi der Ideengeber für die Vetfinder-App

Man stellt es sich besser nicht vor: Sie sind im Urlaub oder am Wochenende unterwegs – und dann, plötzlich, passiert ein Unfall. Ihr Hund ist verletzt. Sie sind geschockt. Um abseits des gewohnten Umfeldes schnellstmöglich tierärztliche Hilfe zu bekommen, hat Entwickler Thomas Hinze ein praktisches Hilfsmittel erfunden: Die VETFINDER App für iPhones und Androiden. Sie weist kostenlos und mobil den Weg zum nächsten Tierarzt – auch im Ausland. Wir sprachen mit dem IT-Mann …

Wie kamen Sie auf die Idee zu dem Projekt?

An einem schönen Sonntag war ich zusammen mit meinem Hund Rex mitten im Harz unterwegs. Leider hatte er sich während des Ausfluges am Bein verletzt und ich brauchte dringend einen Tierarzt. Fehlende Ortkenntnis, Wochenende und die steigende Nervosität machten die Suche trotz mobiler Internetverbindung zu einem Kraftakt. Ich wünschte mir eine Anwendung, mit der ich einen Tierarzt auf Knopfdruck finde – ohne lästiges tippen, mit automatischer Standortsuche, Anruffunktion und Navigation zum Arzt. Über den Projektstatus ist der VETFINDER mittlerweile längst hinaus.

Woher erhalten Sie die Daten der Tierarztpraxen und Kliniken? Und wie umfassend ist Ihre Datenbank heute?

Der Großteil, der im VETFINDER verzeichneten Tierärzte und Kliniken wird durch mühevolle Eigenleistung zusammengetragen. Zusätzlich werden regelmäßig fehlende Tierärzte von Nutzern des VETFINDER vorgeschlagen, und durch eine Redaktion überprüft. Derzeit findet der VETFINDER fast 30.000 Tierärzte und Kliniken weltweit.

Wie finanziert sich die App?

Der VETFINDER ist für Tierhalter völlig werbefrei und gratis. Finanziert wird unser Dienst aus den Beiträgen, die Tierärzte für eine umfangreich Darstellung ihrer Leistungen im VETFINDER zahlen. Der Betrag ist so gering, dass sich langfristig jeder Tierarzt an diesem Dienst beteiligen kann. Die Angaben kommen auf diese Weise immer aus erster Hand.

Was sind die technischen Voraussetzungen, um die App zu nutzen?

Die VETFINDER App gibt es als kostenlosen Download für iPhone und Android. Die Standortbestimmung erfolgt per GPS oder WLAN. Für den Datenabruf wird der Zugriff auf das Internet benötigt. Für mobile Geräte mit anderen Betriebssystemen steht eine optimierte Webseite mit ähnlichen Funktionen wie in der App zur Verfügung. Die Seite funktioniert natürlich auch auf heimischen Computern.

VETFINDER

Mehr Infos unter:
www.vetfinder.mobi

Shopping & Lifestyle
Leben & Arbeiten

Das Zusammenleben mit Hund in der Stadt hat viele Facetten. Das fängt mit der Wohnung an, in der Hundehaltung erlaubt sein muss, geht weiter übers Shoppen mit Hund und beinhaltet auch, den Hund mit auf die Arbeit zu nehmen. Jedes Jahr richtet der Deutsche Tierschutzbund einen Schnuppertag aus, an dem Unternehmen testen können, wie es ist, wenn die Mitarbeiter ihre Vierbeiner mitbringen. Aber auch der Freizeitaspekt mit Hund kommt in diesem Kapitel nicht zu kurz. Eine Astrologien beurteilt Hunde nach ihren Sternzeichen und Windhunderennbahn ist ebenso ein Treffpunkt für Hundefans wie die Fiffy-Bar in der Südstadt.

Der Hund in der Stadt

Einkaufen mit Hund

Der Hund möchte gerne mit, egal, ob man zum Einkaufen geht, zum Sport oder zur Arbeit. Das schönste ist für jedes Tier, wenn es seinen Herrn überall hin begleiten kann. Der Stadtalltag an sich bietet jedoch zahlreiche Herausforderungen. Angefangen von der Fahrt mit öffentlichen Verkehrsmitteln über das Überqueren von Straßen bis hin zum Einkaufsbummel, alles muss der Vierbeiner erst lernen. Er muss trotz feinstem Gehör und empfindlichstem Geruchssinn den Straßenlärm und die vielen anderen Menschen und Hunde verkraften und auch immer angemessen reagieren.

Dass dies überhaupt möglich ist, spricht für die große Anpassungsfähigkeit unserer vierbeinigen Begleiter. Mit ein wenig Geduld lernen sie Dinge, die ihrem natürlichen Wesen eigentlich widersprechen. Darum ist es wichtig, den Hund so früh wie möglich an den aufregenden Stadtalltag zu gewöhnen und ihn zu sozialisieren. „Ich trainiere Straßenbahnfahren oder durch die Stadt zu gehen", erzählt Madeleine Garzorz von ihrem Angebot. In ihrer Hundeschule Colonia sollen die Welpen soviel mitnehmen wie geht, aber kontrolliert, wie sie sagt. Bei Spaziergängen durch ganz Köln führe sie Hunde und ihre Besitzer dorthin, wo das Leben stattfinde, erklärt sie, warum sie nicht nur auf einem Platz trainiert.

Bereits seit acht Jahren arbeitet Garzorz als Hundetrainerin und gleichzeitig als Dozentin … an der Akademie, die wiederum Hundetrainer ausbildet. Auch erwachsene Hunde bildet sie aus, denn sie können bis ins hohe Alter noch lernen. Sie brauchen nur mehr Zeit und ständige Wiederholungen. Unerlässlich dafür ist aber das Verhalten des Hundebesitzers. Kompetenz, Ruhe und Freundlichkeit sind die wichtigen Dinge. Der Hund orientiert sich an seinem Herrn und kopiert sein Verhalten.

So klappt es mit dem Hund in der Stadt:

- Hunde in der Stadt sind immer an der Leine zu führen. Auch gut erzogene Hunde können sich mal erschrecken.

- Steht man an der Ampel, sollte man darauf achten, dass das Tier neben oder hinter einem sitzt oder steht. Sehr gefährlich ist es, das Tier vor sich stehen zu lassen. Es sind tatsächlich schon Hunde an der

Hunde sollten beim Einkaufsbummel in der Stadt angeleint werden.

Leine von Autos oder abbiegenden Lkw überfahren worden, da sie sich zu dicht am Fahrbahnrand befanden.

- Beim Überqueren von Straßen sollte der Hund immer dasselbe Kommando wie „Bleib" oder „Stopp" hören. Das muss verknüpft sein mit dem abrupten Stehenbleiben des Rudelführers. „Lauf" bedeutet, dass der Hund über die Fahrbahn gehen darf. So lernt der Hund, dass er nicht einfach über die Straße laufen darf.

- Das Kommando „Bleib" eignet sich auch für den Einkaufsbummel. Damit kann man dem Hund signalisieren, dass er sich im Geschäft in eine Ecke setzt oder legt und wartet, bis der Herr fertig ist. In den meisten Geschäften ohne Lebensmittelangebot sind Hunde erlaubt, ebenso in Kaufhäusern. Manche Einkaufszentren untersagen indes das Betreten mit Hunden. Das Gleiche gilt für Cafés, zumeist wenn eine Bäckerei angeschlossen ist. Auch in Drogerien sind keine Hunde erlaubt, während Apotheken in der Regel nichts gegen das Betreten mit Hunden haben. Und auch viele Restaurants erlauben Hunde, sofern sie sich ruhig benehmen. Das Gleiche gilt für Friseure. In die Bank darf man den Hund zumeist auch mitnehmen, nicht aber in die Kölner Bezirksrathäuser.

- Dort, wo der Hund nicht mit darf, gibt es zumeist eine Befestigungsmöglichkeit für die Leine und auch schon mal ein Wasserschälchen. Allerdings sollte man sich überlegen, ob man den Hund dort lange alleine lässt, denn insbesondere beliebte Hunderassen, die möglicherweise mit jedem problemlos mitgehen, werden in der Stadt auch schon mal gestohlen.

- Beim Wechsel in ein anderes Stockwerk ist eine Treppe zumeist kein Problem. Das Fahrstuhlfahren macht Hunden schon mal Angst durch die ungewohnte Bewegung. Aber wenn man ruhig bleibt und es immer wieder trainiert, gewöhnt sich der Hund auch daran. Rolltreppen sind indes eine große Herausforderung für das Tier und bergen zudem ein Verletzungsrisiko. Aber wenn man gut aufpasst und mit dem Hund übt, kann ihm das Bewältigen dieser Aufgabe sogar Spaß bereiten.

- Die Fahrt mit öffentlichen Verkehrsmitteln mit Hunden ist erlaubt und für das Tier meist problemlos, da es seinem Herrn gerne überallhin folgt. Grundsätzlich gilt: Hunde, die gern Autofahren, fahren auch mit anderen Verkehrsmitteln problemlos. Bei denjenigen, die Angst zeigen, gilt ebenfalls der Prinzip der Gewöhnung durch ständige Wiederholung.

- Nach den vielen Anforderungen ist die Hundewiese ein toller Spaß und ein Ort zum Entspannen. Man sollte seinem Tier täglich die Möglichkeit geben, einige Zeit herumzutollen, ausgiebig zu schnüffeln und andere Hunde zu treffen.

Wohnen mit Hund in Köln
BGH erteilt Hundeverbotsklausel eine Absage

Tiere in der Mietwohnung – das ist ein unerschöpfliches Thema für die Gerichte. Grundsätzlich durfte bisher zwar ein kleiner Yorkshire-Terrier gehalten werden, da er zu den erlaubten Kleintieren (Schildkröten, Hamster, Zierfische, Vögel) zählt. Auf Klage eines Hundehalters aus Gelsenkirchen urteilte der Bundesgerichtshof im März 2013 aber nun im Sinne von Hunde- und Katzenhaltern. In dem konkreten Fall stand im Mietvertrag einer Wohnungsbaugenossenschaft die zusätzliche Vereinbarung, dass der Mieter keine Hunde und Katzen halten darf. Er war trotzdem mit Familie samt kleinem Mischlingshund eingezogen, worauf die Wohnungsbaugenossenschaft ihn aufforderte, das Tier innerhalb von vier Wochen abzuschaffen. Der Mieter weigerte sich jedoch und bestand damit vor dem Bundesgerichtshof (BGH).

Eine Vertragsklausel, die die Haltung dieser Tiere im Mietvertrag verbietet, erklärte der BGH für unwirksam. „Sie benachteiligt den Mieter unangemessen, weil sie ihm eine Hunde- und Katzenhaltung ausnahmslos und ohne Rücksicht auf besondere Fallgestaltungen und Interessenlagen verbietet", heißt es in dem neuen Grundsatzurteil aus Karlsruhe. Trotzdem gibt es

Hundehaltung in der Wohnung – ein unerschöpfliches Thema für die Gerichte.

Einschränkungen. Laut dem Urteil dürfen Mieter Hunde oder Katzen nicht ohne jegliche Rücksicht auf andere halten, sondern es muss jeweils im Einzelfall geprüft werden, ob

und wie die Tiere die Wohnsituation anderer Hausbewohner und Nachbarn beeinflussen könnten. Der Deutsche Mieterbund begrüßte das Urteil.

Einzelfallentscheidung

Bei der GAG Immobilien AG, der mit 42.000 eigenen Mietwohnungen größten Vermieterin im Kölner Stadtgebiet, ist die Haustierhaltung und die Hundehaltung bis zu einer gewissen Größe laut Aussage des Pressesprechers Jörg Fleischer geduldet. Bei größeren Hunden wird jedoch eine Einzelfallentscheidung getroffen. Die hängt von der Hausgemeinschaft ab, das heißt, ob sich die Nachbarn durch das Tier gestört fühlen. „Es gibt Häuser mit ganz vielen Hunden, ohne Probleme und Häuser, mit wenigen Hunden, wo es Beschwerden gibt", sagt Fleischer. Da der Hausfrieden vor geht, müsse der Hund im Zweifel entweder abgeschafft werden oder der Umzug in ein anderes Haus erwogen werden.

Ähnlich sieht es bei der Kölner Wohnungsbaugenossenschaft eG aus, die rund 2.700 Wohnungen überwiegend im Kölner Norden unterhält. Auch hier wird die Hundehaltung nicht grundsätzlich verboten, sondern jeweils im Einzelfall entschieden. Es käme immer auf die Rasse und Größe des Hundes sowie auf die Größe der Wohnung an, heißt es von Seiten der Genossenschaft.

Kollege Hund – ein Schnuppertag

Wie Vierbeiner im Büro das Arbeitsklima verbessern

Bereits zum sechsten Mal rief der Deutsche Tierschutzbund in diesem Jahr zum tierischen Schnuppertag aus. Unter dem Motto „Kollege Hund" sollten sich am Aktionstag, 27. Juni 2013, Unternehmen melden, die bereit sind, Hunde in ihr Team aufzunehmen. Über Tausend Unternehmen gaben jeweils in den vergangenen Jahren ihren Mitarbeitern Gelegenheit, ihren Hund mit auf die Arbeit zu nehmen. Dazu gehörte in 2012 auch die Filmproduktionsfirma Fandango GmbH aus Köln und lebt damit auch das von ihr produzierte Format „Menschen, Tiere und Doktoren".

„Wir haben teilweise bis zu sieben Hunde hier herumlaufen", erzählt Birgit Horn. Manchmal seien auch eine Katze und ein Kaninchen da. Das würde das Betriebsklima enorm auflockern. „Man kann immer mal wieder kurz innehalten im Arbeitsalltag", sagt die Produktionsleiterin und verrät, dass auf jedem Schreibtisch Leckerlis für die vierbeinigen Kollegen bereit liegen. Damit bestätigt Horn, was sogar wissenschaftlich erwiesen ist, nämlich, dass sich das Arbeitsklima mit Tieren verbessert, Stress besser abgebaut wird und auch die Motivation der Mitarbeiter steigt. Medienunternehmen scheinen insgesamt recht hundefreundlich zu sein. Unbestätigten Berichten zufolge werden nämlich auch die Besucher in den großen Nobeo-Studios in Hürth von den Hunden der Schauspieler und Mitarbeiter begrüßt.

In diesem Jahr beteiligte sich an der Aktion die Firma vetproduction GmbH, die in der Kölner Innenstadt ein tiermedizinische Internetportal betreibt. „Unser tierischer Schnuppertag soll Mitarbeitern und Hunden dazu dienen, ein mögliches Miteinander am Arbeitsplatz auszutesten. So können Firmen, bei denen Hunde bisher tabu waren, ihre Berührungsängste überwinden und Hundehalter dem Chef und den Kollegen ihren tierischen Freund vorstellen", erklärt Thomas Schröder, Präsident des Deutschen Tierschutzbundes. Neben dem Einverständnis von Chef und Kollegen muss natürlich auch sichergestellt sein, dass die Bedürfnisse des Tieres erfüllt werden. Dazu gehören Rückzugsmöglichkeiten und einen Platz mit seiner Decke, ein Wassernapf und eventuell Spielzeug.

„Kollege Hund" verbessert das Arbeitsklima.

Grundsätzlich jedenfalls fühlen sich Hunde am wohlsten, wenn sie bei Herrchen und Frauchen sind. Darum werden alle Firmen, die sich am Aktionstag beteiligen, vom Deutschen Tierschutzbund mit einer Urkunde als tierfreundliches Unternehmen ausgezeichnet.

Werbung

Mehr Infos

www.kollege-hund.de

Deutscher Tierschutzbund e.V.

Der Deutsche Tierschutzbund e.V. ist Europas älteste und größte Tier- und Naturschutzorganisation. Bei der Bewältigung der vielfältigen Aufgaben ist er ausschließlich auf Mitgliedsbeiträge und Spenden angewiesen, da er keine öffentliche Förderung erhält.

Spenden, die steuerlich absetzbar sind, kann man auf das Spendenkonto des Deutschen Tierschutzbundes e.V. Nr. 40 444 bei der Sparkasse KölnBonn (BLZ 370 501 98).

Deutscher Tierschutzbund e.V.
Baumschulallee 15
53115 Bonn
Tel: +49-(0)228-6049624
Web: www.tierschutzbund.de

Pokale für die Schnellsten und Schönsten
Eis für Vier- und Zweibeiner beim Windhundrennen

Wie ein Sommertag auf dem Land mutet das Treiben auf der Windhundrennbahn an der Gleueler Straße in Lindenthal an. Im Schatten unter Bäumen und Zelten sitzen Leute entspannt mit ihren Hunden, essen Kuchen, schlürfen kühle Getränke oder bummeln entlang der Stände mit allerlei Nützlichem für Hundebesitzer. Die Hunde indes schlecken Wasser oder Hunde-Eis, das von dem Betreiber des Hundegeschäftes Dreineun in Ehrenfeld zur Probe verteilt wird und den meisten Vierbeinern vorzüglich mundet. Sechsmal im Jahr geht es auf dem Gelände des Köln-Solinger Windhund-Sportverein 1921/1925 so zu. Denn dann finden die Hunderennen, darunter auch zwei so genannte Jederhund-Rennen, statt.

Aber auch bei den reinen Windhundrennen wie jetzt im Juli, findet man ganz unterschiedliche Teilnehmer. Angefangen vom 35 Zentimeter hohen Windspiel bis zum 90 Zentimeter großen Irish Wolfhound laufen 14 Windhundrassen in eigenen Klassen und getrennt nach Geschlecht. Mit von der Partie ist auch Rashomons Emira, die fünfeinhalbjährige Barsoi-Hündin, einer ebenfalls beeindruckend großen langhaarigen russischen Windhundrasse, von Ulla Schnorrenberg. Die zweifache deutsche Weltrennsiegerin läuft bis zu 70 Stundenkilometer schnell hinter der Beute hier. Die besteht aus einer Maschine, die eine Attrappe mit Hasengeruch rund um die Bahn vor den Tieren herzieht. 480 Meter läuft die Hündin, die außer ihren Weltrangsiegen noch diverse andere Titel geholt hat, wie ihre stolze Besitzerin erzählt. „Sie hört auf Paula und das ist Jule", deutet sie auf die achtjährige Barsoi-Hündin, die neben der Weltmeisterin liegt. Wie Schnorrenberg erzählt, läuft die aber keine Rennen mehr.

Diese starten immer schon früh morgens mit dem Verbandssieger-Rennen und den Vorläufen. Danach gehen die Rassen an den Start, die mehr als sechs Starter pro Klasse und Geschlecht haben und nach der Mittagspause kommt der Höhepunkt des Tages: die Finalläufe. Denen wiederum folgt die Siegerehrung. Dabei gibt es aber nicht nur Pokale für die Schnellsten, sondern für die Schönsten. Die wurden schon am Tag zuvor bei der Verbandssieger-Zuchtschau ermittelt und werden als Kombinationssieger für Schönheit und Leistung vom

Bis zu 70 Stundenkilometer schnell können Windhunde laufen.

Veranstalter, dem Deutschen Windhundzucht- und Rennverband 1892 e.V., geehrt. An dem jetzt 52. Rennen laufen über einhundert Windhunde aus ganz Deutschland mit, 320 sind insgesamt angereist. Sie campieren mit ihren Besitzern am Rande der Rennbahn des Köln-Solinger Windhund-Sportverein 1921/1925. Der wiederum ging im Jahr 2004 aus dem Kölner WRV mit dem Solinger Windhund-Rennverein hervor und ist damit schon 92 Jahre alt.

Im Gegensatz zu anderen Ländern wird der Windhundsport in Deutschland nicht kommerziell betrieben, sondern ist „lediglich ein schönes Hobby, bei welchem diese schnellen Hunde ihre Laufleidenschaft ausleben können", erzählt Birgit Krah vom Verein, dass es keine Wetten gibt. Deutschlandweit betreiben etwa 50 Rennvereine mit 50 bis 130 Mitgliedern die Rennbahnen, auf denen es zusätzlich noch Auslaufmöglichkeiten zum Spielen und Toben für junge, alte oder nicht sportlich geführte Windhunde gibt. „Man trifft sich meist sonntags zum Training mit Freunden und oftmals ist die ganze Familie dabei", sagt Krah.

Mehr Infos

Windhundestadion des Köln-Solinger Windhund-Sportverein 1921/1925 e.V.
In der Beller Maar
(Nähe Gleueler Straße)
50937 Köln
Web: www.ksw-sportverein.de

Natur pur mit Fellnase & Co.
Geführte Kanutouren auf Sieg, Wupper und Rur

Ein besonderes Naturerlebnis für Mensch und Hund bietet „Das Hundekanu". Madeleine Garzorz und Omid Zamani sind Spezialisten für die geführten Kanutouren auf Sieg, Wupper und Rur. „Es gibt viel zu wenig Freizeitangebote mit Hund", dachten sich die Inhaberin der Hundeschule Colonia und der Kölner Filmemacher und Fotograf und wollen dies mit ihrem Angebot ändern.

16 Menschen und ihre Fellnasen finden Platz auf den acht Hundekanus. Die freundlichen Guides, die sich an schwierigen Stellen sogar ins Wasser stellen und die Kanus der Teilnehmer leiten, sorgen für einen hohen Sicherheitsstandard. Die Teilnehmer brauchen keine speziellen Vorkenntnisse. „Eine normale Fitness und ein sozialverträglicher Hund" reichen vollkommen aus, erklärt Garzorz. Das Hundekanu ist ein familientaugliches Abenteuer.

Ein Naturerlebnis für Mensch und Hund

Los geht es am vereinbarten Startpunkt inmitten der Natur mit einem gemeinsamen Frühstück gegen zehn Uhr. Anschließend hilft das Hundekanu-Team dabei, die Autos zum Zielpunkt zu bringen. Nachdem sich Mensch und Hund beschnuppert haben, folgt die Gewöhnung an das Boot, wie die Hundetrainerin erzählt. Die etwa dreistündige Tour auf dem Fluss startet gegen elf Uhr. Selbstverständlich mit an Bord sind auch wasserfeste Tonnen für Wechselkleidung, falls doch mal jemand ins Wasser fällt.

Durch Wiesen und Wälder zieht sich der verwunschene Weg auf dem Wasser, bei dem man manchmal sogar dem seltenen Eisvogel begegnet. „Man kann die Natur selten so intensiv erleben. Trotzdem geht es auch lustig und ausgelassen zu", schwärmt Zamani, der das Ganze auf Wunsch mit der Kamera oder dem Fotoapparat festhält.

Einen Hunde-Ausflug der besonderen Art bietet das Hundekanu.

Weil paddeln bekanntermaßen hungrig macht, endet der Erlebnistag mit einem gemeinsamen Grillschmaus. Das ganze Abenteuer kostet 79 Euro inklusive Verpflegung pro Person. Kinder zwischen acht und 14 Jahren kosten 39 Euro, jüngere Kinder fahren kostenlos mit.

Hundekanu-Touren

Madeleine Garzorz
Hundeschule Colonia
Eintrachtstr. 3
50354 Hürth
Tel. 022 33/686 59 59
Web: www.hundekanu.de

Omid Zamani
Glueler Str. 179
50931 Köln

Von Jagdbegleitern und Schoßhunden
Hunde in der Kunst – eine Museumsführung

„Es gibt hier so viele Hunde, ich kann sie gar nicht zählen", sagt Baya Bruchmann. Im Museum für Angewandte Kunst (MAKK) führt die Journalistin ehrenamtlich durch diverse Ausstellungen oder kreiert Führungen zu bestimmten Themen. Eins davon war „Hunde in der Kunst". Dazu hat die Hundeliebhaberin aus Bayenthal, die Zeit ihres Lebens mit Hunden gelebt hat und stolze Besitzerin eines Corgies ist, seit 2012 Besucher eine Stunde lang durch das MAKK und seine Einzelausstellungen geführt.

Dabei startet sie jeweils am Bildnis eines Kindes samt Windhund, wo sie erklärt, wie es überhaupt dazu kam, dass sich Wölfe dem Menschen anschlossen. Sie führt Beispiele aus dem alten Rom mit berühmten Hundemosaiken an und erzählt von der Verehrung des Anubis, der hundsähnlichen ägyptischen Gottheit. Danach schlägt sie den Bogen zur Barockzeit, aus der das Bild stammt und erklärt auch gleich, warum es überhaupt im MAKK gelandet ist: „Es gilt als ein typisches Anschauungsbeispiel für Eheanbahnungen zu dieser Zeit". Das Kind, das einen Herrscherstab in der Hand hält und einen prunkvollen Mantel trägt, signalisiert Wohlhaben, was der Windhund unterstreicht, wie sie erzählt. Diese eleganten Tiere seien ausschließlich dem Adel und den Patriziern vorbehalten gewesen, führt sie als Beispiel Friedrich den Großen an, der eine große Schwäche für Windspiele hatte. Sie liegen noch heute neben ihm auf dem Friedhof begraben.

Weiter geht es zu den Jagdwaffen. „Hier habe ich aufgegeben, die Hunde zu zählen", sagt die Museumsführerin und deutet auf ein kaiserliches Gewehr aus dem Ende des 17. Jahrhundert, dessen Kolben übersät ist mit Hundedarstellungen. Das Gleiche gilt für die Schießpulverbehälter oder Besteckfuterale. In Szenen, in denen Hunde mit Hirschen oder Wildschweinen kämpfen, sind jedoch keine Windhunde, sondern so genannte Bluthunde dargestellt. „Die Windhunde waren zu wertvoll, daher wurden bei der Jagd die Hunde der Bauern eingesetzt", erklärt Bruchmann, der anschließend erzählt, dass der Begriff „Bluthunde" von der Reinblütigkeit stamme, was bedeute, dass diese Hunde nicht mit denen der Adligen gekreuzt werden durften.

Der Mopsorden

Bei den Meißner Porzellan-Figuren erzählt die Führerin die interessante Geschichte des aus China eingeführten Mopses, den eine Dame im ausschweifenden Rüschenkleid im Arm hält, während ein

Bei einer Museumsführung erklärte Baya Bruchmann Hundedarstellungen in der Kunst.

anderer aus ihrem voluminösen Rock hervorlugt. Als die Freimaurerorden 1736 von Papst Clemens August verboten wurden, gründete sich als Reaktion der Aufständischen der so genannte Mopsorden. Dessen Aufnahmekriterium war es unter anderem, einem der damals hoch in Mode stehenden Möpse den Po zu küssen, wie Bruchmann erzählt. Geheime Zeichen wie etwa das Kratzen, statt Klopfen an der Tür oder das kurze Herausstrecken der Zunge diente der Erkennung und Verständigung der Mitglieder der geheimen Gesellschaft untereinander.

Im Zusammenhang mit den Möpsen erklärt sie auch, woher der Begriff „Schoßhunde" stammt: In den kalten Schlössern galten die kleinen Hunde, zu denen auch die im Museum ausgestellten porzellanen Bologneser gehören, als ideale Wärmequellen, die sich die adligen Damen gerne auf den Schoß setzten. So waren die Tiere begehrte Geschenke der Hofgesellschaft. Dieser lieferten zudem skulpturale Tischaufsätze mit diversen Tier- und Menschendarstellungen Gesprächsstoff, denn sie waren voller Symbolik. Bei verliebten Paaren etwa, die zusammen mit Tieren dargestellt wurden, standen die Schafe für Unschuld und Anmut, Ziegenböcke für Erotik und Zeugungskraft, die Hunde für Treue und Hingabe. Hatten die Tiere die Augen geöffnet, war das Paar noch unschuldig, waren sie geschlossen, war der Akt bereits vollzogen, verrät Bruchmann die heute in Vergessenheit geratenen Quellen höfischen Amusemants.

Zu den ältesten Hundedarstellungen im Museum gehören indes ganz seriöse Spielsteine aus dem Mittelalter. Und auch das Prunkstück

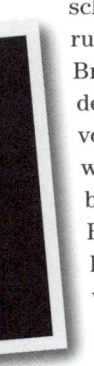

des Museums, ein reich verzierter Kabinettschrank, ist übersät mit Hunden. Den Abschluss der Führung aber findet Bruchmann in der Geschichte von Nipper. Obwohl die wohl berühmteste Hundedarstellung der Welt, wie sie sie nennt, nicht im Museum hängt, erzählt Bruchmann anhand einer Postkarte von Francis Barroud, einem englischen Maler. Mit seinem Bild „His Master's Voice", auf dem er den Hund seines verstorbenen Bruders malte, der in einen Gramaphon-Lautsprecher hineinhorcht, um die Stimme seines Herrn zu hören, erreichte er ab 1899 Weltruhm. Der findige Maler bot es, nachdem es von der Royal Academy abgelehnt worden war, einem Gramophon-Hersteller an, der es als Logo übernahm. Später zierte es sämtliche Schallplatten der Firma Emi Electrola. Zum Glück hatte es sich der unbeachtete Maler patentieren lassen und Nipper ihm damit schließlich doch den versagten Ruhm verschafft.

Werbung

Museum für Angewandte Kunst

Das Museum für Angewandte Kunst und Design (MAKK) feiert in diesem Jahr sein 125. Bestehen. Es ist das einzige Museum dieser Art in Nordrhein-Westfalen und präsentiert umfassende Sammlungen aus 800 Jahren europäischen Kunsthandwerks sowie eine 5.000 Jahre zurückreichende Schmucksammlung. Der Rundgang durch die Jahrhunderte vermittelt einen Eindruck von den unterschiedlichen Epochen und Stilen.
2008 wurde die Design-Abteilung durch die Sammlung von Professor R.G. Winkler mit nordamerikanischem und westeuropäischem Design des 20. und 21. Jahrhunderts erweitert. Auch die temporären Ausstellungen und die Veranstaltungsangebote des MAKK spiegeln das gesamte Spektrum von Architektur und Fotografie über alle Bereiche des Kunsthandwerks bis zu Zeitgenössischem wieder.
Hunde sind im Museum aber leider nicht erlaubt.

Museum für Angewandte Kunst
An der Rechtschule
50667 Köln
Tel. 0221/221 267 14 (Kasse)
Web: www.museenkoeln.de/museum-fuer-angewandte-kunst/

Tierische Sternzeichen

Wie sich astrologische Eigenschaften im Hunde-Charakter spiegeln

„Ich lege keine Karten, sondern ich arbeite mit den wissenschaftlichen Fakten der Astrologie", sagt Antonia Langsdorf. Die bekannte Astrologin, TV-Moderatorin und Journalistin bedauert, dass die Astrologie in Deutschland oft mit Wahrsagerei verglichen wird. Als Hundenärrin ist sie zudem der Überzeugung, dass sich die Grundeigenschaften der Sternzeichen auch bei Hunden, natürlich immer abhängig von Rasse und Charakter, finden.

In ihrer astrologischen Praxis in Köln-Dellbrück bietet Langsdorf – für Menschen, nicht für Hunde! - Lebensberatung und Workshops zu verschiedenen Themen aus ihren diversen Büchern an. Dazu gehört Liebe, Partnerschaft und Sexualität, aber auch Lebensfreude allgemein. „Eigentlich geht es im Leben immer darum, den besten Zeitpunkt zu finden und dabei helfe ich den Menschen", erzählt sie von ihrem Astro-Couching. Viele wollten eine persönliche Beratung oder eine Jahresvorschau, die sie bereits seit 15 Jahren individuell auf jeden zuschneidet, wie sie sagt.

„Ich interessiere mich für Menschen und ihre Motive und hätte genauso gut auch Psychologie studieren können", erzählt sie von den Gründen, als Journalistin mit Volontariat beim WDR den Weg zur Astrologie eingeschlagen zu haben. Astrologie verbinde Kunst, Mystik und Abenteuer miteinander, während die akademischen Denkstrukturen zu wenige Gestaltungsmöglichkeiten böten. So absolvierte sie ein dreijähriges Studium beim Verband für Astrologie. Schließlich schaffte es die ehemalige RTL-Wetter-Fee, auch eine eigene Astro-Show beim Sender zu erhalten und gab von 2000 bis 2007 täglich einen astrologischen Ausblick.

Waagen sind Beziehungszeichen

Nach einem Wechsel in der Unternehmensführung wurde das Format abgesetzt und man bot ihr an, etwas anderes zu machen. „Das wollte ich aber nicht, denn ich wollte bei der Astrologie bleiben", sagt die Beraterin, die 12 Jahre lang die Vizsla-Hündin „Shanty" hatte. „Es war eine Katastrophe, als sie gestorben ist", erzählt Langsdorf. Sie sei ein Waage-Hund gewesen. „Das ist ein Beziehungszeichen", berichtet sie, dass die Hündin immer nur in Gesellschaft fressen wollte. „Sie hat solange gewartet, bis

Antonia Langsdorf mit ihrem kleinen „Widder-Hund" Baji.

die Familie am Tisch saß und gegessen hat".

Seit vier Jahren wird sie nun schon von ihrem Bichon Frise-Rüden „Baji" auf allen ihren Reisen begleitet. Weil er so klein ist, kann sie ihn auch auf ihren Flügen nach Amerika, wo ihr Freund lebt, mit in die Kabine nehmen. Seine geringe Körpergröße mache er jedoch mit dem Stolz und der Willenskraft eines Widdergeborenen wieder wett, erzählt Langsdorf von einer erst kürzlich unternommenen Fahrt in einem vollbesetzten Zug. Da sei Baji eilig vor ihr her gestrebt und habe ihr den Weg frei gemacht. „Das ist typisch für Widder. Er ist unerschrocken und beschäftigt die ganze Familie. Er ist kein Begleithund, sondern der Anführer", berichtet sie, dass er sich auch schon mal unter dem Zaun hermache, wenn er genug Beachtung bekäme.

Ihre Erfahrungen mit den unterschiedlichen Sternzeichen der Tiere möchte Langsdorf gerne im Dialog mit anderen Hundebesitzern vertiefen und gibt folgende Einschätzungen ab.

Das Hundehoroskop

Widder (21. März bis 20. April)
Widder-Hunde haben eine Führer-Natur, sind stolz, wollen Beachtung und verfügen über eine große Willenskraft. Sie schrecken vor nichts zurück und überschätzen sich dabei auch schon mal gerne. Das kann dann auch mal zu Ärger mit Artgenossen führen.

Stier (21. April bis 20. Mai)
Verfressen, ein bisschen stur, verschmust, sehr anhänglich und robust sind Stier-Hunde. Sie bevorzugen, ihre Tage dösend im Körbchen zu verbringen, als sich beim Agility-Parcours zu verausgaben. Sie lieben ihre festen Gewohnheiten, sind wachsam und treu.

Zwillinge (21. Mai bis 21. Juni)
Lebhaft, neugierig und intelligent, aber weniger anhänglich sind Hunde mit dem Sternzeichen Zwilling. Sie sind aufgeschlossen und an allem interessiert, was sich bewegt. Gerne wollen sie gefallen, verstehen es aber auch gut, Herrchen und Frauchen um die Pfote zu wickeln.

Krebs (22. Juni bis 22. Juli)
Anhängliche Sensibelchen sind die Krebs-Hunde. Auch sie brauchen viel Aufmerksamkeit und Streicheleinheiten. Sie sind die idealen Familien-Mitglieder, die auch Kinder gerne behüten und beschützen. Sie lieben besonders ihr gemütliches Zuhause.

Löwe (23. Juli bis 23. August)
Löwe-Hunde sind fröhliche und stolze Salon-Hunde, die gerne gelobt werden. Sie dulden keine Nebenbuhler und liegen als König der Tiere lieber auf dem Sofa, als auf dem Boden. Das Futter muss natürlich auch das Beste sein.

Jungfrau (24. August bis 23. September)
Ein angenehmes Wesen haben Jungfrau-Hunde. Sie sind freundlich und die bescheidenen Hunde erledigen gerne Aufgaben wie Pantoffeln nachtragen, Fernbedienungen bringen oder sie wärmen das Bett sehr gerne. Oftmals reagieren sie bei Futter überempfindlich.

Waage (24. September bis 23. Oktober)
Sehr beziehungsorientiert sind Waage-Hunde. Die kleinen Schöngeister passen sich gerne ihren Rudelführern und deren Gewohnheiten an und verteilen ihre Liebe gerecht unter allen. Sie genießen tägliche Bürstenstriche und ein hübsches Körbchen.

Skorpion (24. Oktober bis 22. November)
Eifersüchtig und misstrauisch sind Skorpion-Hunde. Sie passen sehr gut auf, kriegen alles mit und erschnüffeln alles. Sie können auch schon mal zuschnappen, wenn sie sich zurückgesetzt fühlen. Sie sind leidenschaftlich und zielstrebig und eignen sich für die Fährtensuche.

Schütze (23. November bis 21. Dezember)
Fröhlich, mutig, ungestüm und abenteuerlustig sind Schütze-Hunde. Auch sie erschnüffeln gerne die Welt und finden vermisste Menschen und Tiere. Sie bringen Leben und Freude in die Bude, wollen aber unbedingt ernst genommen werden.

Steinbock (22. Dezember bis 20. Januar)
Leistungsorientiert und arbeitsam sind Steinbock-Hunde. Gerne übernehmen sie diverse Aufgaben, sind geduldig, ausdauernd, unaufdringlich, konzentriert und treu. Sie freuen sich, wenn sie in einem festen Rudelverbund leben und für ihren Einsatz gelobt werden.

Wassermann (21. Januar bis 19. Februar)
Lustig, unkompliziert und überall mit dabei sein will der Wassermann-Hund. Er liebt witzige Kunststücke, ist eigenwillig und alles andere als faul. Er ist nicht immer leicht zu erziehen, da er sich eine gewisse Unabhängigkeit bewahrt.

Fische (20. Februar bis 20. März)
Sanfte Sensibelchen sind Fische-Hunde. Sie brauchen viel Liebe und Zuspruch und sind manchmal auch etwas ängstlich. Aus diesem Grund können sie schon mal zuschnappen. Andererseits sind sie sehr seelenvoll und eignen sich gut als Therapiehunde in Senioren- oder Behindertenheimen.

www.antonialangsdorf.de

Werbung

Hunde im Web

Hundeallerlei – der Web-TV-Sender für Hunde und ihre Menschen

Für alle, die sich für Hunde interessieren, gibt es so einiges zu entdecken auf dem Video-Blog www.hunde-allerlei.de. Die TV-Journalistin Alice Häuser ist seit 20 Jahren weltweit unterwegs und berichtet über alles, was spannend ist. Mit ihrer Firma ah-tv produziert sie Beiträge, Reportagen und Sendungen für Wissensmagazine wie Galileo, Welt der Wunder, Abenteuer Leben und Stern TV. Ihre beiden Hunde, die vierjährige Weimaraner-Hündin Maya und die zehnjährige Collie-Hündin Shakira brachten sie auf die Idee, sich auch auf die Suche nach interessanten News rund um das Thema Hund zu machen.

Alice Heuser im Einsatz für ihren Hundblogg „Hundeallerlei".

Zusammen mit Maya testet sie das, was ein Hundeherz höher schlagen lässt, so beispielsweise auch Hunde-Eis auf der Windhunderennbahn. Das leckerste Hundefutter, die coolsten Hundesport-Trends, die modernsten Methoden in Sachen Gesundheit und Hundeerziehung, die besten Gassirunden, Ausflüge und Urlaub mit dem Hund gehören unter vielen anderen Dingen zu den Themen der seriös recherchierten Berichte und Service-Beiträge.

Man kann aber auch selbst Fotos und Videos mit den schönsten Momenten seiner Hunde auf ihre Facebook-Seite stellen. Dazu schreibt man Alice Häuser eine Mail und erzählt, was einem und seinem Hund gefällt oder was nervt. Auch Fragen oder Ideen für Tests, die sie mit Maya machen soll, kann man bei ihr loswerden.

Mehr Infos

Alice Häuser
ah-tv Film und Fernsehproduktion
Sophienstrasse 29
41065 Mönchengladbach
Tel.: 021 61/479 079-0
Mail: info@hunde-allerlei.de

Hier findet man Alice Häuser überall:
Web: www.youtube.com/hundeallerlei
Web: www.twitter.com/hunde_allerlei
Web: www.facebook.com/hundeallerlei

Der Kackel-Dackel in der Bar

Ein Treffpunkt für Cocktail- und Hundefans

„Die Idee ist aus dem Bauch entstanden", erzählt Raimund Eck von den Anfängen im Jahr 1999. Er nennt sich das „Herrchen" der Fiffi-Bar in der Kölner Südstadt. In der im amerikanischen Stil eingerichteten Cocktailbar dreht sich nämlich alles um den Hund. Das fängt an mit Interieur, geht über die gelben Hundefressnäpfe aus Plastik, in denen kleine Snacks für die Gäste angeboten werden bis hin zu den Cocktails mit Hundenamen. „Mach Männchen ist der beliebteste", sagt Eck. Andere heißen „Sitzplatzfussfassaus", „Rantanplan" oder „Struppi".

Allerlei Witziges hat sich der Wirt auch sonst einfallen lassen, so wie etwa seine „Schrotthunde", die er aus alten Cocktailshakern und diversen anderen Teilen zusammensetzt. Über 500 Bilder und Exponate befinden sich insgesamt in der Bar. Mit einem Bild hat es einst auch angefangen. Es hängt noch heute präsent in der Mitte an der knallrot gestrichenen Wand und zeigt einen Dackel. Es ist eine nachkolorierte Reproduktion einer Hundepostkarte aus den 50er Jahren, wie Eck sagt. Die entdeckte er auf dem Flohmarkt, wo er noch heute regelmäßiger Gast ist. Dort fand er auch die Wackeldackel. Deren Köpfe bewegen sich auf mysteriöse Weise zu Fünft in einer Reihe über dem Thekenschrank. Und ihre Körper fungierte der kreative Wirt kurzerhand zu Wandlampen um.

Besonders freute sich Eck, als er eine Pitbull-Skulptur aus Holz auf dem Flohmarkt fand. Die hängt heute vor dem Fenster un-

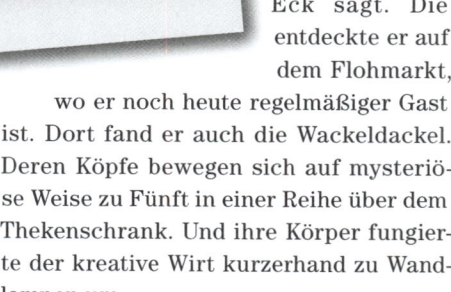

Der Spielzeugdackel aus Holland.

ter der Decke und trägt eine Schallplatte im Maul. Das sei Zufall gewesen, verweist er auf das Logo der Fiffybar, das exakt genauso aussieht, aber zuerst da war, wie Eck erzählt. Weitere Hundeskulpturen finden sich auch in der Sitzecke mit dem knallroten Kunstleder-Sofa und hinter der Theke. Dort „wohnt" auch der „Kackel-Dackel", ein Kinderspielzeug aus Holland, das vorne mit einer Masse gefüttert wird, die nach einigen Pumpbewegungen hinten mit dem entsprechenden Geräusch wieder heraus kommt.

An den Wänden hängen zudem auch Fotos, die die Besucher gestiftet haben. Wenn sie ihm gefielen, hänge er sie auf, sagt er. „Jeder fragt, ob ich auch Hunde habe", verneint der Wirt dies. Er habe keine Zeit für ein Haustier, aber er liebe eben den Hundekitsch und seine zwei- und vierbeinigen Gäste. Für Letztere gibt es indes statt Cocktails nur schnödes Wasser. Dazu aber ein Leckerchen, das das Fiffi-Bar-Herrchen immer unter der Theke bereithält.

Fiffi-Bar

Severinswall 35
50678 Köln
Tel.: 02 21/261 71 32
Web: www.fiffibar.de
Sonntags geschlossen

Werbung

Liebe geht über den Hund

Wie ein Berliner Start-Up Hund und Menschen zusammenbringt

Neulich im Park staunten wir nicht schlecht: Da hingen Zettel mit einem kuriosen Bild – ein Hund in Yogastellung, darüber die Frage: Haben Sie diesen Hund gesehen? Es war eine Werbeaktion des Berliner Start-Ups Snoopet. Und wenn was mit Hunden zu tun hat, ist es natürlich sofort unser Thema. Snoopet ist ein Kontaktportal für „Hundeliebhaber in Deutschland" heißt es auf www.snoopet.de. Es ist ein soziales Netzwerk, das Menschen und ihre Hunde mit gleichen Interessen in der näheren Umgebung zusammenbringt. So eine Art Facebook für Hund und Halter. Über die Webseite www.snoopet.de kann man ein Profil von sich und seinem Vierbeiner erstellen und sich mit anderen Usern austauschen – und mobil per Smartphone-App zu spontanen Treffen oder Hunde-Dates verabreden.

Wir sprachen mit der Gründerin von Snoopet, Larissa Maes, und wollten wissen, was Hundebesitzer von der Plattform haben:

Snoopet bietet eine Gassi-Routen-App, mit der man sich verabreden kann. Wie groß ist da der Dating-Faktor?

Bei Snoopet geht es vor allem darum, Spaß zu haben, neue Gassipartner zu finden, neue Gassi-Routen zu entdecken oder sich unkompliziert mit Bekannten zur Gassirunde zu verabreden. Aber ganz klar: Wer den Dating-Faktor sucht, wird ihn auf Snoopet sicher auch finden. Jeder kann für sich und seinen Hund ein Profil anlegen und dann direkt in passenden Profilvorschlägen stöbern. Als Highlight können Snoopet-User neue spannende Gassi-Routen entdecken und über die Smartphone – App ihre eigenen Lieblingsrouten anlegen. Zusätzlich können User mobil direkt in gelaufene Routen einchecken und sehen, wer die gleiche Route gelaufen ist.

Wie sind Sie auf die Idee gekommen, Snoopet zu gründen?

Ich bin selbst eine große Hundeliebhaberin und weiß deshalb, dass der Hund ein großartiger Gesprächsstoff-Garant und „Eisbrecher" ist. Ein mobiles Kontaktportal für Hundefreunde musste her! Und bei diesem sollte der Hund im Mittelpunkt stehen. Schließlich muss der eigene Hund einen neuen Freund oder die große Liebe ja auch „riechen" können – Hunde sind bei der Partnerwahl ein wichtiger Faktor.

Welche Zielgruppe sprechen Sie genau an?

Auf Snoopet kann sich jeder registrieren,

Larissa Maes, Gründerin von Snoopet, einem Berliner Start-Up, das Herrchen und Frauchen zusammenbringen will

der Hunde gern hat – ganz egal, ob er oder sie sich mit Gleichgesinnten austauschen will oder auf der Suche nach neuen Freunden, Gassi-Partnern oder der großen Liebe ist. Snoopet ist etwas für alle, die eine neue „Liebe mit Hund" suchen oder Menschen kennenlernen wollen, die „lieber mit Hund" sind.

Kostet Snoopet Geld?

Alle Snoopet-Features sind kostenlos nutzbar – und Schritt für Schritt fügen wir weitere spannende Funktionen für Mensch und Tier hinzu. Jeder User kann sich kostenlos registrieren, für sich und seinen Hund ein Profil anlegen, direkt in den vorgeschlagenen Kontakten stöbern und natürlich die kostenlose Smartphone-App nutzen. Wir wünschen viel Spaß beim Schnuppern, Austauschen und Kennenlernen!

Erzählen Sie uns eine Snoopet-Liebesgeschichte: Was erleben Ihre User mit Snoopet? Bekommen Sie da Rückmeldungen?

Snoopet gibt es ja erst seit November 2012 – damit stehen wir quasi noch unter „Welpenschutz". Aber tatsächlich hören wir schon jetzt regelmäßig von Freundschaften und Gassi-Partnern, die sich ohne Snoopet nicht gefunden hätten. Das freut uns natürlich tierisch und wir hoffen, dass sich noch viele weitere Menschen über den Hund kennen und vielleicht sogar lieben lernen!

Snoopet

Snoopet ist das erste Kontaktportal für Hundebesitzer in Deutschland. Das soziale Netzwerk bringt sie und Menschen mit gleichen Interessen in der näheren Umgebung zusammen.
Mehr Infos unter: www.snoopet.de

Gott & die Hundewelt Trauer & Tod

Zum Leben gehört auch der Tod – auch wenn man nicht gerne damit konfrontiert wird. Ein Hundeleben ist nun einmal viel schneller vorbei, als man es sich wünscht. Was tun, wenn der Hund so krank wird, dass er nicht mehr zu retten ist? Wie kann man sich das Andenken an seinen vierbeinigen Freund bewahren? Möchte man eine Urne als Erinnerung oder vielleicht sogar ein Grab? Beides ist möglich. Wir haben Menschen gefragt, die ihr Tier verloren haben. Und was ist, wenn der Mensch vor seinem Hund geht? Auch das ist ein Thema in diesem letzten Kapitel.

Einschläfern oder natürlicher Tod?
Was der Tierarzt dazu meint

„Die moderne Medizin empfiehlt, Hunde einzuschläfern, bevor sie Qualen leiden", sagt Dr. Klaus Eckert. Der Tierarzt spricht sogar von einer Verpflichtung nach dem Tierschutzgesetz, dass Tiere keine unnötigen Schmerzen erleiden sollen. „Humanes Sterben", nennt er das Einschläfern etwa von Hunden mit Herzproblemen. Man könne nicht einfach abwarten, bis der Hund an der Wassermenge in der Lunge ersticke, nennt Eckert ein Beispiel.

Einschläfern macht laut seiner Aussage nicht nur Sinn bei schweren Herzproblemen, bei denen keine Medikamente mehr helfen, sondern auch bei Inkontinenzproblemen. „Man kann Hunden nicht einfach eine Windel anziehen", sagt der Tierarzt. Auch Tumore oder Karzinome sind für ihn sinnvolle Gründe für die erlösende Spritze. Denn eine Chemotherapie möchte er keinem Tier zumuten. Strikte Ablehnung erntet jedoch jeder, der von ihm verlangt, den Hund grundlos zu töten, etwa weil er lästig geworden ist. „Dafür muss es schon definierte medizinische Gründe geben", sagt er.

Tierarztpraxis
Dr. med. vet. Klaus Eckert

Wahlscheider Str. 23a
53797 Lohmar
Tel.: 02206 3479
Mobil: 0177 219 20 74
E-Mail: info@tierarztpraxis-eckert.de
Web: www.tierarzt-eckert.de

Werbung

Liebevoll angelegt sind die Gräber der geliebten Vierbeiner auf dem Tierfiedhof in Dünnwald.

Die letzte Ruhestätte für den geliebten Vierbeiner
Der Tierfriedhof Köln

Ganz unscheinbar am Höhenhauser Ring in Dünnwald in unmittelbarer Nähe von Straße und Bahngleisen, aber trotzdem idyllisch gelegen, findet sich der Tierfriedhof Köln. „Etwa 300 Tiere liegen hier", erzählt Monika Lukas aus Dormagen, die den ersten Tierfriedhof im Jahr 2002 in ihrer Heimatstadt eröffnete. Die Idee dazu kam ihr beim Tod der eigenen Tiere. Schließlich haben insbesondere Menschen in der Stadt keine Möglichkeit, ihr geliebtes Tier im Garten zu begraben, wie sie sagt. Im Jahr

2004 kam der Kölner Tierfriedhof hinzu, in dem neben Hunden und Katzen auch Hamster, Meerschweinchen, Kaninchen und Vögel liegen. Von der Bestattung

über die Einäscherung bis hin zu Seebestattungen bietet Lukas alle Möglichkeiten der letzten Ruhe für das geliebte Tier.

Grundsätzlich bieten die Betreiber solcher Ruhestätten neben der Organisation der Beisetzung, auf Wunsch sogar mit geistlichem Beistand, auch die Pflege und Gestaltung der Gräber an, was natürlich seinen Preis hat. So erzählt Tierarzt Dr. Klaus Eckert etwa von dem Beispiel einer Einzeleinäscherung eines Schäferhundes, die 390 Euro gekostet hat. Aber auch die Beseitigung durch die Tierkörperbeseitigungsanstalt sei laut seiner Aussage nicht kostenlos. 50 bis 70 Euro müsse man dafür zahlen, dass sein Tier zu Seife verarbeitet wird, wie er es nennt.

Grab oder Urne

Auch der Tierfriedhof Köln arbeitet mit einem Tierkrematorium zusammen. Das bietet Einzel- oder Sammeleinäscherung an. Eine Einzeleinäscherung kostet je nach Gewicht zwischen 100 und 340 Euro. Die Asche kommt danach in eine Urne, die ebenfalls extra bezahlt werden muss. Hinzu kommen noch Überführungs- und/oder Abholkosten. Das Ganze dauert etwa fünf Tage. Bei der Sammeleinäscherung (90 bis 180 Euro) wird das Tier gemeinsam mit anderen eingeäschert und die Asche bleibt im Krematorium. Als Erinnerung gibt es lediglich eine Urkunde mit dem Namen und dem Datum.

Die Bestattung auf dem Friedhof kann indes sofort erfolgen. Der Hund wird entweder selbst dorthin gebracht oder auf Wunsch abgeholt und sogar aufgebahrt, damit man sich vor der Beisetzung noch von ihm verabschieden kann. Ein Hundereihengrab kostet je nach Größe zwischen 450 und 900 Euro für eine Laufzeit von vier bis fünf Jahren. Anonyme Wiesengräber sind mit 150 bis 450 Euro günstiger.

Info

Höhenhauser Ring 100
51063 Köln
Tel.: 021 33/978 662
Web: www.tierfriedhof-koeln.com
Öffnungszeiten 15. März bis 31. Oktober: täglich von 9 bis 19.30 Uhr; 1. November bis 14. März: täglich von 9.30 bis 17 Uhr

Ein Leben ohne Henry
Wie Hundehalter mit dem Verlust umgehen

Zu den schlimmsten Ereignissen im Leben gehört der Tod. Nichts ist so endgültig, egal, ob es sich um den Verlust eines geliebten Menschen oder eines Tieres handelt. So unterschiedlich wie die Menschen, ist aber auch ihr Umgang damit. Die einen können und wollen gar nicht über den Tod des Tieres sprechen, die anderen sprechen zwar darüber, möchten es aber nicht Schwarz auf Weiß irgendwo lesen und die Dritten lindern den Schmerz damit, dass sie sich schon kurze Zeit später wieder ein neues Tier anschaffen.

Das war auch so bei Susanne. Als sie ihren Hund Arthur, einen Deutsch Langhaar, vor einigen Jahren verlor, schaute sie sich schon zwei Tage später nach einem neuen Tier um. Etwa zwei Monate später zog dann der junge Jack Russel Terrier Emil bei ihr ein. „Trotzdem werde ich ihn niemals vergessen", schwärmt sie von Arthur, der im Alter von acht Jahren ganz plötzlich an einer Magendrehung starb. Auch eine sofort durchgeführte Not-OP hatte ihn nicht mehr retten können, wie die Hundebesitzerin erzählt. Mitnehmen wollte sie ihn nach seinem Tod jedoch nicht, sondern ließ ihn beim Tierarzt. In Erinnerung an Arthur holte sie sich vor Kurzem noch Feli ins Haus. Die Deutsch-Langhaar-Hündin hatte sich als unbrauchbar bei der Jagd erwiesen und kam durch die Vermittlung des Züchters zu Susanne. Ihr Manko, ein zu kurzes linkes Vorderbein, macht ihr nicht sehr zu schaffen. Am liebsten jagt sie mit Emil über die Felder rund um Immendorf und den Weißen Bogen.

Nur sechs Wochen nach dem Tod von Filou kam auch bei Sylvia die weiße Belgische Schäferhündin Fly ins Haus. Auf sie war Sylvia eines Nachts im Internet gestoßen, als sie nicht schlafen konnte. Dabei war der nächtliche Ausflug ins Web ganz entgegen ihrer Gewohnheiten. Kurz nach Filous Tod konnte Sylvia es zunächst Zuhause nicht aushalten, so buchte sie kurzerhand einen Urlaub, um auf andere Gedanken zu kommen. Nach ihrer Rückkehr sah sie keinen Sinn mehr im Spaziergehen und hatte, wie sie es formuliert, ihre Tagesstruktur verloren. „Ich habe mich gar nicht organisiert", erzählt sie, dass sie ihren Tagesablauf zuvor komplett auf Filou abgestimmt hatte.

Der aus Griechenland stammende Terriermischling war nach langen Jahren mit vielen Tierarztbesuchen letztlich doch an den Folgen seiner aus dem Mittelmeer mitgebrachten Leishmaniose gestorben. Im Alter von zehn Jahren versagten seine Organe durch die vielen Medikamente, die er immer schlucken musste, um die Schübe

Filous Grab im Garten schmückt eine Hundehütte mit Engel.

mit schlimmsten Hautausschlägen in Grenzen zu halten. Da es ihm immer schlechter ging, erlöste ihn schließlich der Tierarzt. Sylvia brachte ihn danach mit nach Hause, wo ihr Lebensgefährte bereits ein Grab im Garten ausgehoben hatte. Mit einer kleinen Zeremonie wurde Filou im von der Oma handgewebten Bettlaken „mit seinem Kopf zur Terrasse hin", wie Sylvia es beschreibt, begraben. Ein selbst bemalter Stein mit seinem Namen und dem Todestag sowie eine Hundehütte zieren sein Grab. Fly benutzt die Hütte nicht. Sie hatte eigentlich zum Gehörlosen-Hund ausgebildet werden sollen, erwies sich aber in der Stadt als zu schreckhaft. Sylvia verliebte sich auf Anhieb in sie und holte sie schon zwei Tage, nachdem sie sie entdeckt hatte, zu sich. Filou, zu dem Sylvia eine ganz besonders intensive Beziehung hatte, lebt unvergessen in ihrem Herz weiter.

Kein neuer Hund als Ersatz

Keinen neuen Hund wollte nach dem Tod von Dutches die Hundemutter Birgit. Die Golden Retriever-Hündin erlitt mit über 13 Jahren ein Nierenversagen und musste vom Tierarzt eingeschläfert werden, damit sie nicht leiden musste. Da es extremes Winterwetter war und sich das Grundstück im Wasserschutzgebiet befindet, blieb Dutches anschließend beim Tierarzt, wie Birgit erzählt. Sie vermisst sie noch heute. Ein neuer Hund kommt aber aufgrund ihrer derzeitigen Lebensumstände mit vielen Reisen nicht in Frage.

Im Alter von über 14 Jahren starb die Golden Retriever-Hündin Janine. Sie war zuvor noch im Rhein schwimmen, brach aber dann zusammen – vermutlich aufgrund ihres hohen Alters. Pia brachte sie noch zum Tierarzt, der sie einschläferte. Vermutlich wäre sie auch so gestorben, wie Pia erzählt. Sie wurde eingeäschert, aber eine Urne wollte ihre Besitzerin nicht. Erst jetzt nach etwa einem Jahr kann sich Pia wieder vorstellen, einen Hund zu haben. Der sollte aber ganz anders aussehen und sie nicht zu sehr an die beiden verstorbenen Hunde erinnern. Denn erst zwei Jahre zuvor war schon Henry gestorben. Der Mischling aus einem Golden Retriever und einem Belgischen Schäferhund hatte im Alter von zehn Jahren nach einem Ausflug plötzlich nicht mehr aus dem Auto aussteigen wollen. Auch Aufbauspritzen vom Tierarzt halfen nicht mehr. Er starb schon in der Nacht darauf ganz friedlich in Pias Armen. Der Tierarzt vermutete einen unentdeckten Tumor als Ursache.

Auch Henry wurde eingeäschert, aber die Asche nicht mitgenommen. An beide Hunde erinnern noch die Fotos, die im Wohnzimmer stehen. „Sie sind in die Ewigkeit übergegangen", beschreibt Pia ihre Gedanken. Ihr Focus liege aber immer auf der Dankbarkeit dafür, dass beide ein schönes Leben hatten, erzählt sie von der Verarbeitung der Trauer. Sie hätte es aber nicht ertragen, wenn kurze Zeit später auch nur ein anderer Hund zu Besuch gekommen wäre, wie sie sagt. Und ihr Lebensgefährte möchte überhaupt nicht mehr an den Tod der Tiere erinnert werden. „Wir sind wie verwaiste Eltern", sagt Pia.

Longer than Life

Als Edelstein werden wir Dich nie vergessen.

Unvergleichliche Saphire und Rubine, hergestellt aus den Haaren
oder der Asche eines geliebten Hundes.

www.mevisto.eu

Alles für Daisy
Wie man nach seinem Tod für den Hund sorgt

Das Leben ist endlich. Auch unseres. Es kann den Fall geben, dass der Hund einen überlebt. Was dann? Kann man vorsorgen? Man kann nicht zwangsläufig davon ausgehen, dass Hinterbliebene das Haustier übernehmen. So kann es zu Konflikten mit bereits vorhandenen Tieren bei den Erben kommen. Oder in der Familie herrscht eine Hundehaarallergie. Anderen ist die Aufnahme eines Tieres schlichtweg zu teuer. Will keiner aus der Familie das Tier aufnehmen, bleibt nur noch eins: Das örtliche Ordnungs- oder Veterinäramt ordnet die Hundeverwahrung in einem Tierheim an. Für die meisten der blanke Horror.

Hunde als Erben

Könnte man nicht seinem Tier Geld vererben, damit es lebenslang versorgt werden kann? Wie war das doch gleich mit Modeschöpfer Rudolph Moshammer und seiner Yorkshire-Terrier-Hündin Daisy? Nachdem Moshammer 2005 ermordet worden war, kolportierten die Zeitungen, dass Daisy alles erben würde. In Wahrheit sah das Testament allerdings vor, dass sein langjähriger Leibwächter und Chauffeur als Generalbevollmächtigter eingesetzt wird. Er übernahm die Pflege und Betreuung für die Hündin Daisy – bis zu ihrem Tod im Oktober 2006. Dafür wurde er großzügig testamentarisch bedacht. Warum Daisy nicht direkt als Erbin eingesetzt werden konnte, zeigt ein Blick auf ein früheres Gerichtsurteil.

Bereits 2004 hatte das Münchener Landgericht in einer ähnlichen Sache entschieden. Die Besitzerin eines Hundes hatte ihren Vierbeiner als erste Erben testamentarisch eingesetzt. Nach ihrem Tod übernahm eine Bekannte der Verstorbenen die Pflege des Tieres, im festen Glauben statt des Tieres zu erben. Das Gericht entschied jedoch, dass Tiere aufgrund der Rechtslage nicht erbfähig sind. Da sie laut Gesetz wie Sachen zu behandeln sind, können sie nicht rechtsfähig sein.

Das Testament zählt

Es gibt jedoch zwei Möglichkeiten, diese Rechtslage zu umgehen: Zum einen kann man verfügen, dass ein Notar als Testamentsvollstrecker die Aufgabe übernimmt, eine Pflegestelle für das Haustier zu finden. Das Vermögen kann in diesem Fall als regelmäßige Zuwendung überwiesen werden. Die Alternative besteht darin, im Testament einen Erben zu benennen, der sich zur lebenslangen Pflege des Tieres verpflichtet, um seinen vom Erblasser bestimmten Erbanteil zu erhalten. Ist niemand im Familien- oder Freundeskreis bereit, so kann auch eine juristische Person, also ein Verband, ein Verein oder eine Stiftung im Testament bedacht werden.

Wer seinen Hund gut versorgt wissen möchte, kann das notariell festlegen.

Man kann zum Bespiel den örtlichen Tierschutzverein im Testament berücksichtigen mit der Auflage, sich um die Belange des Tieres bis zu dessen Tode zu kümmern. Selbst Detailfragen wie Futtermittel oder Unterbringungslokalität können schriftlich fixiert werden. Die finanziellen Modalitäten lassen sich je nach Vertrauen zum Erben variieren. So ist es möglich, dem Erben monatliche Zahlungen zukommen oder von vornherein auf das gesamte Vermögen Zugriff nehmen zu lassen.

Nofalls zum Notar

Der Wunsch, über seinen eigenen Tod hinaus den tierischen Begleiter gut versorgt zu wissen, lässt sich also realisieren. Aber: Um sicherzustellen, dass sich die eigenen Wünsche mit deutschem Recht vereinbaren lassen, empfiehlt es sich, ein Testament unter notarischer Hilfe anzufertigen. Auch bieten örtliche Tierschutzvereine Hilfe bei der Beantwortung rechtlicher Fragen.

Hilfe bei Erbschaften

Der Bund gegen Missbrauch der Tiere (bmt), der unter anderem das sehr gute Tierheim in Dellbrück betreibt, bietet ebenfalls Unterstützung bei Erbschaftsangelegenheiten an. Als eine der großen Tierschutzorganisationen in Deutschland setzt er sich sei mehr als 60 Jahren für die Verbesserung der Lebensbedingungen von Tieren ein und ist dabei auch auf die Unterstützung durch Spenden und Erbschaften angewiesen.

Wird der bmt testamentarisch als Erbe oder Vermächtnisnehmer bestimmt, ist die liebevolle und sachkundige Betreuung des verwaisten Gefährten gesichert. Im Testament kann festgehalten werden, ob der Vierbeiner privat von Tierfreunden aufgenommen wird oder in einem der bmt-Tierheime leben soll. Im Tierheim Dellbrück gibt es ausführliche Testamentsmappen. Die können angefordert werden bei Sylvia Bringmann, Tel.: 02 21/684 926 oder sylvia.bringmann@tierheim-koeln-dellbrueck.de

Infos & Adressen

Die besten Adressen und Kontakte der
Kölner Hundewelt …

Züchter, Tierheim & Co.

Border Collie Kennel
It´s All Mine
Yvonne Schmitz
Berg.Gladbacher Str. 788
51069 Köln
Tel.: 0221-688 058
Mobil: 0177-822 33 31
E-Mail: nc-schmitew@netcologne.de

BVZ - Berufsverband zertifizierter Hundetrainer e.V.
Andreas Heusinger von Waldegge (Vorsitzender)
Heinrich-Schütz-Allee 242
34134 Kassel
Tel.: 0561 40700775
Fax: 0561 50332157
Mobil: 0176 10424310
Mail: info@bvz-hundetrainer.de
Web: www.bvz-hundetrainer.de

Jagdgefährten e.V - 2. Chance für Jagdhunde
Annoweg 2
58675 Hemer
Tel. 02372-76853
www.jagdgefaehrten.de
Die Jagdgefährten, allesamt Jagdhundeführer mit Leib und Seele, möchten diesen Hunden eine zweite Chance geben: die Chance auf eine art- und rassegerechte Haltung und die Chance auf eine glückliche gemeinsame Zukunft - ob als Jagd- oder einfach als Weggefährte. Wir vermitteln unsere Hunde an Jäger und Nicht-Jäger, die ihrer Aufgabe als Jagdhundehalter ehrlich gerecht werden wollen.

Konrad Adenauer Tierheim in Köln-Zollstock
Vorgebirgstrasse 76
50969 Köln
Tel.: 02 21/381 858
Mail: info@tierheim-koeln-zollstock.de

Labradorzucht „Auf Sechzigmorgen"
Joachim Gosch
Mitglied im LCD
Hartwichstr. 30
50733 Köln
Tel.: 02 21/131 364

Tierheim Köln-Dellbrück
Iddelsfelder Hardt
51069 Köln
Tel.: 02 21/684 926
Mail: tierheim-dellbrueck@gmx.de

Tierschutzbüro Porz
St.-Anno-Straße 18
51147 Köln (Grengel)
Tel.: 022 03/294 808
Mail: buero@tierschutzverein-koeln-porz.de

TS Pitbull, Stafford und Co Köln e.V.
Herkenrathweg 5
51107 Köln
Web: www.pit-staff.de

Tiertafel Deutschland e.V.
Ausgabestelle Bergheim-Zieverich
Otto-Hahn-Straße 22
50126 Bergheim
Tel.: 022 71/450 52 85
Web: www.tiertafel.de

UNA Union für das Leben e.V.
Tierrettungsleitstelle 24h NOTRUF (bundesweit): 07 00/952 952 95 oder
Tel.: 015 78/499 52 95
Web: www.tierrettungsdienst.eu

Wiebke Vormstein
Im Homburgsgarten 11
51580 Reichshof-Blasseifen
Tel.: 022 96/991 100
Mail: wiebke@labradoodles-blasseifen.de

Futter & Philosophie

Alexianer Köln GmbH
„4 Pfoten für Sie"
Kölner Straße 64
51149 Köln
Tel.: 022 03/36 91-111 74
Web: www.4-pfoten-fuer-sie.de

Anifit Tiernahrung
Hauptstraße 431
51143 Köln
Tel.: 02203-203 501
Fax: 02203-203 502
E-Mail: petra.horn@anifit.de
Web: www.horn-anifit.de

Blaufell
Industriestr. 167
50999 Köln
Tel.: 02236-3 28 94 99
Fax: 02236-3 28 94 98
E-Mail: kontakt@blaufell.de
Web: www.blaufell.de
Biologisches Tierfutter
Hundefutter in zertifizierter Bio-Qualität! Großes Sortiment verschiedener Herrsteller, auch für Allergiker.
BARF, Trofu, Nassfutter, Leckerli, Nahrungsergänzung

Carnivoren-Shop
Tatjana Lefarth
Bonner Str. 7
50374 Erftstadt
Tel.: 02235-689 199
E-Mail: CarnivorenShop@web.de
Web: www.carnivorenshop.de
Frischfleisch für Hunde u.v.m.

Edenfood
Aus Liebe zum Tier
Tel.: 089 2885 9490
Fax.: 89 2885 9489
Web: www.edenfood.de

Hundekekse frisch und lecker
Elke Herrmann-Radig
Durginweg 3
51069 Köln
Mobil: 0173-860 64 98
E-Mail: hundekekse@goldelfe.de
Web: www.hundekekse-online.com
Frische Hundekekse meist aus Biozutaten, für Allergiker auch getreidefrei und maßgefertigte Halsbänder und Geschirre mit weicher Polsterung.

Lecker Schnäuzchen Ladenlokal
Aachener Straße 427
50933 Köln
Tel.: 02 21/484 832 48
Mail: mail@leckerschnaeuzchen.de

Wundertier
Naturkost & Drogerie für Haustiere
Garchinger Str. 36
80805 München
Tel.: 089 -17929942
Mail: info@wunder-tier.de
Web: www.wunder-tier.de

Sitz & Platz

Die mobile Hundeschule
Inhaber: Heinz Reif
Deisenham 9
83308 Trostberg
Systemzentrale der mobilen Hundeschule für Europa
Tel.: 01805-339 111 oder 0049-(0)8621-648444
E-Mail: Info@chiemgauer-hundeschule.de
Web: www.die-mobile-hundeschule.com

Entdeckungen mit dem Hund
Max-Planck-Str. 43
50858 Köln
Mobil: 0162-31 22 57 0
E-Mail: p.voss-briegleb@web.de
Web: www.entdeckungen-mit-dem-hund.de

goldwolf.de
Mein Hund – Sein Portal
Marion Lukaschewski
Aachener Strasse 431
50933 Köln
www.goldwolf.de
Email: mail@goldwolf.de
Das deutschlandweite Seminar- und Veranstaltungsportal für alle hundebegeisterten Menschen!

Was? Wann? Wo? Alle Angebote sortieren, vergleichen und direkt online buchen!
KOMM! SITZ! KLICK!

Helfer auf 4 Pfoten
Petra Franke (Vorsitzende)
Biegerstr. 22
51063 Köln
Tel.: 02 21/620 08 61
Web: www.helferaufvierpfoten.de

HSV Köln-Süd e.V.
Militärringstraße/Fort VII 7
50969 Köln
Tel.: 01 76/994 143 71
Web: www.dvg-hsv-koeln-sued-e-v-hundesport.de

Hundeschule am Königsforst
Sandra Schmelzer
Olpener Str. 1069
51109 Köln
Mobil: 0171-875 85 67
E-Mail: info@hundeexpertin.de
Web: www.hundeexpertin.de

Hundeschule Buddy
Brigitte Blum
Simonskaul 79
50737 Köln
Mobil: 0174 7717572
Mail: hundeschule-buddy@gmx.de
Web: www.hundeschulebuddy.de
www.facebook.com/hundeschule.buddy
Hundeerziehung & Verhaltensberatung in Köln & Umgebung; Einzel- & Gruppenunterricht; Begleithundeprüfung, Longieren, Fährten, Stadttraining, Fahrradtraining, Schwimmkurs etc.

Hundeschule einzigartig
Am Abtsberg 27
53859 Niederkassel
Tel.: 02208-768 236
E-Mail: kontakt@hundeschule-einzigartig.de
Web: www.hundeschule-einzigartig.de
Die Hundeschule, die zu Ihnen kommt. Jetzt Gutschein für ein 90-minütiges Beratungsgespräch GRATIS anfordern. Wie arbeiten ohne Leckerli, Clicker und andere Hilfsmittel!

Hundeschule Happy Dogs
Ohligser Schützenplatz 18 (Trainingsgelände)
42697 Solingen
Tel.: 0212-2 30 62 82
Fax: 0212-2 30 62 83
E-Mail: hundeschule-solingen@gmx.de
Web: www.hundeschule-solingen.de

Hundeschule Happy Dogs - Happy People
Auf dem Neuen Feld 44
51503 Rösrath
Tel.: 02205 - 947 99 77
Mobil: 0173-536 89 88
E-Mail: info@hd-hp.de
Web: www.hd-hp.de

Hundeschule Rudelberater
Sven Meier
Max-Ernst-Str. 11
50354 Hürth
Tel.: 02233-69 15 90
E-Mail: info@rudelberater.de
Web: www.rudelberater.de

Hundepsychologe
Thomas Riepe
Trift 8
59609 Anröchte
Tel.: 029 47/51 76
Mobil: 01 72/949 17 66
Mail: thomas@riepehunde.de

Hundezentrum Alex
Welpenschule
Vorgebirgstr. 193
50969 Köln
Tel.: 0221-423 600 14
Mobil: 0175-838 70 37
E-Mail: info@hundezentrum-alex.de
Web: www.hundezentrum-alex.de

Mobile Hundeschule
Hauptstraße 431
51143 Köln
Tel.: 02203-203 501
Fax: 02203-203 502
Web: www.die-mobile-hundeschule.biz

VistaDogs-Köln
Angelika Runkel
Sperlingsweg 17
50226 Frechen
Tel: 02234-202 60 60
Fax: 02234-202 60 66
Mobil: 0172-52 53 220
E-Mail: angelika.runkel@vistadogs.de
Web: www.vistadogs-koeln.de
Assistenzhundeausbildung
Problemhundetherapie
Hundeschule
Deutschlandweites Trainernetzwerk

Verein für deutsche Schäferhunde e.V.
Ortsgruppe Köln-Weidenpesch
Uwe Holst
Jesuitengasse 111
50737 Köln
Tel.: 0221 70 84 30
Mail: vorstand@og-weidenpesch.de
Web: www.og-weidenpesch.de
Schutzdienst, Fährtenarbeit, Unterordnung, Begleithundeausbildung – alle Rassen.

Gassi & Co. / Reise & Verkehr

Dogs Place – Die Betreuung speziell für kleine Hunde
Stolberger Straße 194c
50933 Köln
Tel.: 0221-298 679 75
E-Mail: info@dogs-place.de
Web: www.dogs-place.de
Dogs Place ist die Betreuung speziell für kleine Hunde (max. 40 cm / 10 kg). Wir bieten artgerechte Gruppenhaltung für sozialisierte Hunde.

Fit mit Hund®
Fitnesstraining & Hundesport
Jürgen Hinzen
Mayen 56727
Tel.: 040-65 86 09 90
E-Mail: info@fit-mit-hund.com

Gassi TV
Daniel Sonderhoff
Email: info@ gassi-tv.de
Web: www.gassi-tv.de

HOPPER Hotel et cetera e.K.
Brüsseler Str. 26
50674 Köln
Tel.: 0221-92 440-0
Fax: 0221-92 440-6
E-Mail: hotel@hopper.de
Web: www.hopper.de

HOPPER Hotel St Antonius
Dagobertstr. 32
50668 Köln
Tel.: 0221-1660-0
Fax: 0221-1660-166
E-Mail: st.antonius@hopper.de
Web: www.hopper.de

HOPPER Hotel St. Josef
Dreikönigenstr. 1-3
50678 Köln
Tel.: 0221-99 800-0
Fax: 0221-99 800-111
E-Mail: st.josef@hopper.de
Web: www.hopper.de

www.hundekanu.de
Madeleine Garzorz
Hundeschule Colonia
Eintrachtstr. 3

50354 Hürth
Tel.: 022 33/686 59 59

Hundezentrum Alex
Hundepension
Jakob-Böhme-Str. 2
51065 Köln
Tel.: 0221-423 600 14
Mobil: 0175-838 70 37
E-Mail: info@hundezentrum-alex.de
Web: www.hundezentrum-alex.de

KölnTourismus GmbH
Kardinal-Höffner-Platz 1
50667 Köln
Mail: info@koelntourismus.de
Tel.: 02 21/221 - 304 00

Leinentausch
Persönliche Betreuung für Deinen Hund
Tel: 0157 374 50 295
Email: kontakt@leinentausch.de
Web: www.leinentausch.de

Museum für Angewandte Kunst
An der Rechtschule
50667 Köln
Tel.: 0221/221 267 14
Web: www.museenkoeln.de/museum-fuer-ange-wandte-kunst/

Trekking-Dogs
Andrea Preschl
60433 Frankfurt
kontakt@trekking-dogs.de
www.trekking-dogs.de

wuff & weg!
Hier kommt Ihr Urlaub auf den Hund
Doris Grüneberg
Geschäftsführerin
Mörfelder Landstr. 62
60598 Frankfurt am Main
Tel.: 069-96 237 045
Fax: 069-96 237 046
E-Mail: kontakt@wuffundweg.de
Web: www.wuffundweg.de

Hundeauslaufgebiete

Kölner Norden
Altstadt-Nord:
Hansaplatz Adolf-Fischer-Straße/Ecke Gereonswall
Neustadt-Nord:
Innerer Grüngürtel nördlich der Aachener Straße
Innerer Grüngürtel nordwestlich des Fort X
Innerer Grüngürtel Herkulesberg
Innerer Grüngürtel nördlich der Aachener Straße

Nippes:
Johannes-Giesbert-Park im nördlichen Parkbereich
Nippeser Tälchen, nördlich des Niehler Kirchweges
Nordpark östlich der Niehler Straße
Niehl:
Industriestraße im Niehler Ei
Industriestraße südöstlich des Niehler Ei
Niederländer Ufer bis Promenade östlich des Niederländer Ufers im Bereich der Sportplätze
Promenade Niehler Damm gegenüber der Lachsgasse
Longerich:
Äußerer Grüngürtel zwischen Militärringstraße, Meerfeldstraße und Bielefelder Straße
Äußerer Grüngürtel südlich der Kreuzung Militärringstraße/Neusser Straße
Äußerer Grüngürtel nordwestlich der Ecke Militärringstraße/Mercatorstraße
Äußerer Grüngürtel zwischen der Neusser Landstraße, Militärringstraße und der Kaserne
Heckhofweg - vor dem Heckhof zwischen dem Dädalusring und der Lützlongericher Straße
Mauenheim:
Merheimer Straße zwischen Mauenhaumer Gürtel und Eckewartstraße
Bocklemünd-Mengenich:
Buschweg/Schuhmacherring
Ehemalige KVB Trasse zwischen Kurt-Weill-Weg und Ollenhauerring
Nüssenberger Straße ehemalige KVB Trasse zwischen Kurt-Weill-Weg und Ollenhauerring
Chorweiler:
Südlich der Kriegerhof Straße entlang des Weges
Seeberg:
Grünzug östlich der Karl-Marx-Allee
Heimersdorf:
Grünverbindung Willmuther Weg zwischen dem Ölbaumweg und der Barrensteiner Straße
Lindweiler:
Erbacher Weg südlich des Autobahnzubringers

Kölner Osten
Mülheim:
Jan-Wellem-Straße, Stadtgarten nördlich der Kieler Straße
Stammheim:
Fort XII Düsseldorfer Straße nordöstlich des Wolfskaulenkamp
Dellbrück:
Kalkweg (am Aussichtsberg), südlich von Auf dem Flachsacker
Neufelder Straße/Moitzfeldstraße
Buchheim:
Fort XI a, Herler Ring südlich der Gladbacher Straße
Herler Ring nördlich des Gauweges
Merheimer Heide, östlich der Kleingartenanlage
Höhenberg:
Merheimer Heide nahe der Finnentroper Straße
Merheimer Heide, südlich der Kleingartenanlage
Holweide:
Schlagbaumsweg im Bereich der Wichheimer Mühle
Humboldt-Gremberg:

Grünzug Westerwaldstraße gegenüber der Volpertusstraße
Kalk:
Bürgerpark westlich der Peter-Stühlen-Straße
Ostheim:
Herkenrathweg nördlich der Autobahn A4
Vingster Ring (Vingster Berg) zwischen der Ostheimer Straße und der Frankfurter Straße
Merheim:
Fort X Nohlenweg fast in der gesamten Grünanlage
Brück:
Flehbachaue zwischen Lehmbacher Weg und Oberer Bruchweg
Neubrück:
Wiese Autobahn zwischen der Hans-Schulten-Straße und der Hermann-Ehlers-Straße und zwischen Heinrich-Lersch-Straße und Stresemannstraße

Stadtbezirk Porz
Westhoven:
Weidenweg Poller Grünzug zwischen Rhein und In der Westhovener Aue
Eil:
Fußweg zwischen der Bergerstraße und der Bonner Straße
Urbach:
Auf den Anwenden Rasenfläche zwischen Falkenhorst und dem Autobahnkreuz Flughafen und südlich der Waldstraße, entlang der Autobahn
Wahnheide:
Im Winkelfeld Wiese nördlich der Nibelungenstraße
Zündorf:
Rheinanlagen Porz An der Groov
Tulpenweg westlich der Evezastraße

Kölner Westen
Sülz:
Beethovenpark im östlichen Parkbereich
Lindenthal:
Äußerer Grüngürtel zwischen Gleueler Straße und An der Decksteiner Mühle
Äußerer Grüngür t el westlich des Decksteiner Weihers, südlich der Bachemer Straße
Stadtwald zwischen Heinrich Stevens-Weg und der Militärringstraße
Stadtwald westlich der Sportanlagen
Müngersdorf:
Äußerer Grüngürtel zwischen Marathonweg und Lovis-Corinth-Straße
Bickendorf:
Feltenstraße bis Alter Friedhof östlich der Emilstraße
Bürgerpark Nord, um die Kleingärten herum
Escher Straße/Robert-Perthel-Straße
südlich der Kreuzung Escher Straße/Äußere Kanalstraße
westlich der Kreuzung Escher Straße/Äußere Kanalstraße
Vogelsang:
Siedlung nordöstlich des Bachstelzenweges

Ossendorf:
Bürgerpark Nord zwischen Butzweilerstraße und Autobahn
Feltenstraße bis Alter Friedhof östlich der Emilstraße
Neuehrenfeld:
Parkgürtel Wöhlerstraße parallel zur A 57 bis Wöhlerstraße
Takufeld Ecke Subbelrather Straße/Äußere Kanalstraße
Weiden:
Grünanlage am Sportzentrum, Grillhütte,

Kölner Süden
Neustadt-Süd:
Friedenspark entlang der Eisenbahn
Hiroshima- Nagasaki-Park südlich Aachener Weiher
Rathenauplatz gegenüber der Synagoge
Volksgarten im Bereich Volksgartenstraße/ Vorgebirgstraße
Zollstock:
Grünzug Süd Raderthalgürtel bis Militärringstraße entlang Leichweg, Höninger Weg
Vorgebirgspark östlich der Nauheimer Straße und Homburger Straße
Raderthal:
Grünzug Süd Raderthalgürtel bis Militärringstraße entlang Leichweg, Höninger Weg
Bayenthal:
westlich des Verbindungsweges zwischen Mathiaskirchplatz und Cäsarstraße
Marienburg:
Äußerer Grüngürtel zwischen Militärringstraße, Zum Forstbotanischen Garten, Konrad-Adenauer-Straße und Autobahn
Kardorfer Straße/Heidekaul, Ecke Raderberggürtel und Brühler Straße bis Sinziger Straße
Rondorf:
Wegeverbindung Zollstocker Weg, Efferenweg, Kalscheurener Straße
Hahnenstraße zwischen Zeisigweg und Hahnenstraße, entlang der Autobahn
Godorf:
nördlich Amselweg zwischen Otto-Hahn-Straße und Godorfer Hauptstraße
Ehlers-Straße zwischen Heinrich-Lersch-Straße und Stresemannstraße

Gesetz & Ordnung / Politik & Soziales

Amt für öffentliche Ordnung
Kalk Karree
Ottmar-Pohl-Platz 1
51103 Köln
Tel.: 02 21/221-350 99

GAG Immobilien AG
Josef-Lammerting-Allee 20-22
D-50933 Köln
Tel.: 02 21/20 11-0

Kölner Jägerschaft e.V.
Gut Leidenhausen 1a
51147 Köln (Porz)
Tel.: 022 03/102 34 37
Web: www.ljv-nrw.de/kjs-koeln

PSV
Emil-Hoffmann-Straße
Shell-Gelände, Tor 3
50996 Köln-Godorf
Tel.: 01 77/564 98 45 (Heinz Rühle, Abteilungsleiter)

Rechtsanwaltskanzlei Thalwitzer
René Thalwitzer
Isoldenstraße 10a
95445 Bayreuth
Tel.: 0921-1512341
Fax: 0921-1512342
Mail: mail@kanzlei-thalwitzer.de
Web: www.kanzlei-thalwitzer.de

Versicherung & Schutz

Deutscher Tierschutzbund e.V.
Baumschulallee 15
53115 Bonn
Tel.: 02 28/604 96 24
Web: www.tierschutzbund.de

Deutsches Rotes Kreuz e.V.
Rettungshundestaffel
Oskar-Jäger-Str. 101-103
50825 Köln
Tel.: 01 72/968 20 62
Web: www.suchundhilf.de

Feuerwache Ostheim
Schule Hardtgenbuscher Kirchweg / Feuerwache 8
Hardtgenbuscher Kirchweg 100
51107 Köln
Tel.: 02 21/97 48-78 11

K-9 Suchhundezentrum-Rheinland
Auf der Zange 30
53721 Siegburg
Tel.: 022 41/120 13 50
Web: www.k9-mantrailing.de

Rettungshundestaffel DRK Ortsverein Porz e.V.
Friedensstraße 120
51145 Köln
Tel.: 022 03/220 02

TASSO-Haustierzentralregister
Frankfurter Str. 20
65795 Hattersheim
Tel.: 061 90/937 300
Mail: info@tasso.net

www.tierversicherung.biz
Vogelsanger Weg 14
50354 Hürth
Tel.: 022 03/ 990 760 50

Gesundheit & Wellness

Hunde-Boutique & Hunde-Salon
Inge Falkenberg & Angela Esser-Struck
Reuterstraße 134
51467 Bergisch Gladbach
Tel.: 02202-294 11 30
E-Mail: hundsschoen@unitybox.de
Web: www.hundsschön.de
Facebook: www.facebook.com/HundsSchoen

Hundezentrum Alex
Hundefrisiersalon
Vorgebirgstr. 193
50969 Köln
Tel.: 0221-423 600 14
Mobil: 0175-838 70 37
E-Mail: info@hundezentrum-alex.de
Web: www.hundezentrum-alex.de

Naturheilpraxis für Tiere
Klassische Homöopathie
A. Christine Maaß
Bergisch Gladbacher Straße 501
51067 Köln-Holweide
Tel.: 0221-63 51 98
Mobil: 0177-45 902 54
E-Mail: info@tier-praxis.com
Web: www.tier-praxis.com

Naturheilpraxis für Tiere – Tjadina Wolff
Gotenring 10
50679 Köln
Tel.: 0221-990 292 69
Mobil: 0177-2821829
Akupunktur, chinesische Kräuter, Blutegeltherapie, Lasertherapie für Nager, Katzen, Hunde und Pferde im Herzen Kölns

Osteofit Köln
Leyendecker Str. 87
50825 Köln-Ehrenfeld
Tel: 0221- 97 61 01 56

Mobil: 0177-6 42 83 05
E-Mail: karin.dahms@osteofit.de
Osteopathie und Physiotherapie für Mensch und Hund.

Tierärztliche Gemeinschaftspraxis
Dr. med. vet. Nicole Harms
Dr. med. vet. Claudia Szattelberger
Marthastr. 16
51069 Köln
Tel.: 0221-683802
E-Mail: info@tierarztpraxis-koeln-dellbrueck.de
Web: www.tierarztpraxis-koeln-dellbrueck.de

Tierarztpraxis Dr. Elvira Görzen
Offenburger Str. 2
51107 Koeln-Ostheim
Tel.: 0221-719 20 82
Tel.2: 0211-222 07 182
Fax: 0221-222 07 181
E-Mail: info@tierarzt-ostheim.de
Web: www.tierarzt-ostheim.de

Tierarztpraxis Fell & Feder
Dr. M. Golestan und R. Hendricks
Berliner Straße 876
51069 Köln
Tel.: 0221-9777 9930
Email: info@tierarztpraxis-fellundfeder.de
Web: http:/tierarztpraxis-fellundfeder.de
Die Kleintierpraxis in Köln für Ihre Vierbeiner, Vögel und Reptilien.

Tierarztpraxis Dr. Klaus Eckert
Wahlscheider Str. 23a
53797 Lohmar
Tel.: 02206 3479
Mobil: 0177 219 20 74
E-Mail: info@tierarztpraxis-eckert.de
Web: www.tierarzt-eckert.de

Tierarztpraxis Dr. med. vet. Klaus Eckert
Graf-Adolf-Straße 15
51429 GL - Bensburg
Tel.: 02204 9640250
Handy: +49 (0177) - 219 20 74
E-Mail: tierarzteckert@aol.com
Web: www.tierarzt-eckert.de

TIERHEILPRAXIS – OP DEN RHEIN
Mettfelder Str. 9
50996 Köln - Rodenkirchen
Tel.: 0700-148 148 48, 0221-395 298
Mobil: 0178-188 82 22
Fax: 0221-935 90 97
E-Mail: FredOtto@Tierheilpraxis-OdRhein.com
Naturheilverfahren für Hunde - Pferde – Katzen
Seit 1983 steht Ihr Vierbeiner bei uns im Mittelpunkt. Es wir neben ganzheitlichen Analysen eine komplett auf die Natur abgestimmte Therapie angeboten.
Wir freuen uns über Ihren Besuch.

Tierheilpraxis pro animo
Nibelungenstr. 18
50739 Köln
Tel.: 0221-377 94 54
Mobil: 0151-27 06 17 97
E-Mail: mail@tierheilpraxis-proanimo.de
Web: www.tierheilpraxis-proanimo.de
Ganzheitliche Therapiekonzepte für Ihr Tier. Akupunktur, Kräutertherapie, Homöopathie und Blutegel.
Bei chronischen Schmerzen, Allergie und vielem mehr ...

Tierphysiotherapie Melanie Kujadt
Gotenring 10
50679 Köln-Deutz
Mobil: 0173-275 18 67
Web: www.melanie-kujadt.de
Osteopathie, Akupunktur und Physiotherapie für Pferde und Hunde. Damit Ihr Liebling wieder mehr Freude an der Bewegung hat. Rufen Sie mich unverbindlich an.

WASSERFALL
Physiotherapeutische Praxis für Tiere
Christiane Pouillon
Geprüfte Tierphysiotherapeutin
Selma-Lagerlöf-Straße 71
50859 Köln/Weiden
Tel.: 02234-435 72 72
Mobil: 01573-405 1 404
E-Mail: info@wasserfall-koeln.de
Web: www.wasserfall-koeln.de

Shopping & Lifestyle / Leben & Arbeit

Dogs-Castle
The finest for Dogs
Tel.: 0049-02162-5307724 mit AB. (bitte hinterlassen Sie Ihre Rufnummer und den Namen, da wir später zurückrufen)
E-Mail: info@dogs-castle.de
Web: www.Dogs-Castle.de, www.Dogscastle.de

Dog Toy
Onlineshop Kerstin Schulz
E-Mail: info@dog-toy.de
Web: www.dog-toy.de

Fiffi-Bar
Severinswall 35
50678 Köln
Tel.: 0221/261 71 32
Web: www.fiffibar.de

HundeLeben
Ideen für Heim und Hund
Frenzenstraße 6

50374 Erftstadt
Tel.: 02235-6890418
Mobil: 0151-24066535
E-Mail: info@hundeleben-exklusiv.de
Web: www.hundeleben-exklusiv.de

h u n d s k e r l e
Wendelsteinstraße 10 / Dreitorspitzstraße
85591 Vaterstetten bei München
Tel.: 08106 2130 282 Laden
Tel.: 089 46 2000 51 Büro
Fax: 089 46 2000 52 Büro
E-Mail: info@hundskerle.de
Web: www.hundskerle.de

Mario´s Dogshop
...alles für Ihren Hund...
Tel.: 03496 212938
Fax: 03496 301849
Mail: Kontakt@Marios-Dogshop.de
Web: www.Marios-Dogshop.de

Mellow Bello
Dockenhudener Straße 4-6
22587 Hamburg
Tel.: 040-86 62 82 00
E-Mail: info@mellow-bello.de
Web: www.mellow-bello.de

Napfputzer - Hundesachen die glücklich machen!
Michael Kierdorf
Buchholzstr. 73
51469 Bergisch Gladbach
Tel.: 02202 25 16 728
Mail: info@napfputzer.de
Web: www.napfputzer.de

Puppy & Prince Online Hundeshop
Internationales Hundezubehör
Giesbethweg 27
91056 Erlangen
Tel.: 09135-210 838
E-Mail: info@puppyundprince.de
Web: www.puppyundprince.de

Quartier3neun
Geisselstrasse 39
50823 Köln
Tel.: 0221-3909 9288
E-Mail: info@quartier3neun.de
Web: www.quartier3neun.de
Der Interior Designer Stefan Wolf bietet in dem stylischen concept store die originellsten Gegenstände aus den Bereichen ‚dog, living & lifestyle' an.

Gott & die Hundewelt / Trauer & Tod

Aaron Tierbestattung
Rhenserstr. 20
56075 Koblenz
Mobil: 0178-77 55 22 1
E-Mail: info@aaron-tierbestattung.de
Web: aaron-tierbestattung.de

Aaron Tierbestattung
Wilhelmstr. 64
55543 Bad Kreuznach
Mobil: 0178-77 55 22 1
E-Mail: info@aaron-tierbestattung.de
Web: aaron-tierbestattung.de

Aaron Tierbestattung
Koblenzerstr. 73
65556 Limburg
Mobil: 0178-77 55 22 1
E-Mail: info@aaron-tierbestattung.de
Web: aaron-tierbestattung.de

www.tierfriedhof-koeln.com
Höhenhauser Ring 100
51063 Köln
Tel.: 021 33/978 662

TIERSARG für Hund Katze Maus
Neusser Landstr.31
50769 Köln
Tel.: 0221-7000 78 24
Fax: 0221-7000 78 25
E-Mail: info@tiersarg123.de
Web: www.tiersarg123.de
Edle Särge ab 5 Euro. Für eine würdevolle Ruhestätte Ihres Wegbegleiters. Gartenbestattung erlaubt!
Mehr Infos unter: www.tiersarg123.de

Rabatt-coupons

Rabattcoupons

Rabattcoupons

Felldummy.de
Anke Haller
Mobil: 01719839868
Mail: anke@felldummy.de

Gutscheincode: FRED&OTTO
1 x pro Kunde 10 % Rabatt
auf www.felldummy.de

Gutscheincode: Gutschein-Fred&Otto
Bei dem Gutschein handelt es sich um einen 10% Rabatt-Gutschein.

www.mister-mo.de

Wundertier
Naturkost & Drogerie für Haustiere
Garchinger Str. 36
80805 München
Tel.: 089 -17929942
Mail: info@wunder-tier.de
Web: www.wunder-tier.de

Sie erhalten einmalig zu Ihrer Bestellung bei www.wunder-tier.de die wunderbare Wundertiertüte mit vielen Überraschungen.
Gutscheincode: Fred&Otto

Öffnungszeiten: Mo-Fr 10:00 bis 19:00Uhr,
Sa 10:00 bis 15:00Uhr

Rabattcoupons

Rabattcoupons

Kerstin Schulz
Siemensstr. 6
84478 Waldkraiburg

Telefon +49 (0) 8638 - 98 41 34 0
Fax +49 (0) 8638 - 98 41 34 1
Email info@dog-toy.de

Ab einem Bestellwert von 15 Euro erhalten Sie 100 Gramm Softies gratis

Gutscheincode: Fred-und-Otto-Köln

10 % Rabatt auf Ihre Bestellung bei www.poochy.de.
Einzulösen bis: 30.11.2013.
Gutscheincode: fredundotto

POOCHY.de, Fine Fashion for Dogs
Wilhelmstr. 36-38 – Arkade 10
65183 Wiesbaden,
Tel.: 0611-341 29 77, Mobil: 0178-557 04 46,
Web: www.poochy.de,
E-Mail: info@poochy.de

Ihr Vorteil: Beim Kauf des ersten 15 kg-Sacks Flexidog schenken wir Ihnen die stabile und multifunktional einsetzbare 70 Liter-Futtertonne dazu!

Gutscheincode: FREDUNDOTTO

www.foodforplanet.de

Rabattcoupons

Stadtführer für Hunde
FRED & OTTO

unterwegs in ...

Hamburg, Düsseldorf, Köln, Berlin, Frankfurt am Main, München, Sylt ... und ab Frühjahr 2014 auch in Wien und im Ruhrgebiet

14,90 Euro

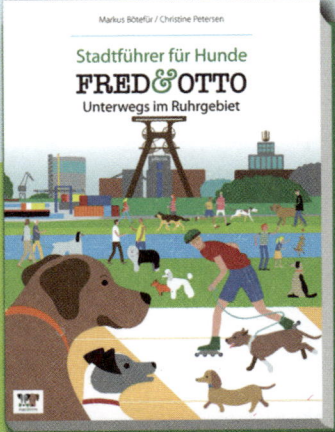

Mehr Infos unter www.fredundotto.de

Rupert Fawcett

Leinenlos! (Off the Leash)

Das geheime Leben der Hunde

Fantastisch und treffend beobachtet, herzerwärmend!

Der Facebook-Erfolg mit über 200.000 Freunden erstmals als Buch!

Umfang: 160 S.
Format: 14 x 15,5 cm
Ausstattung: Klappenbroschur
Abb.: 160 Cartoons
ISBN: 978-3-95693-001-0
Preis: **9,90 Euro**
Verlag: www.fredundotto.de

Wollten Sie auch schon immer wissen, was ihr Hund wirklich denkt? Rupert Fawcetts Cartoon-Serie "Off the Leash" über die geheimen Wünsche der Hunde hat in kürzester Zeit eine weltweite Fangemeinde gefunden. Der sensationelle Facebook-Erfolg des Londoner Kult-Cartoonisten liegt nun erstmals gesammelt in einem Buch vor: Fantastisch und treffend beobachtet, herzerwärmend komisch mit bissigem britischem Humor. Ein kurzweiliger Comic-Spaß – nicht nur für Liebhaber der schwanzwedelnden Vierbeiner.

Rupert Fawcett hat mit seinem Cartoon "Off the Leash" einen spektakulären Erfolg in der angelsächsischen Welt gehabt. Der Zeichner lebt mit seiner Familie in London und mag Hunde - und weiß, was sie wirklich über uns denken!

Barbara Wrede

Wartende Hunde

Ein Buch über die Treue

Der schön ausgestattete Bildband enthält über 100 Fotografien und Texte der Künstlerin. Herausgekommen ist ein Buch für alle Hundefans - und treue Menschen (und die, die es werden sollten).

Umfang 200 S.
Format: 22 x 19 cm
Abb.: 160 Bilder
Hardcover
ISBN 978-3-9815321-2-8
Preis: **22,90 Euro**
Verlag: www.fredundotto.de

Ein wunderbares Buchgeschenk: Seit 1994 fotografiert die Berliner Künstlerin Barbara Wrede wartende Hunde. Die Serie „Wartende Hunde" ist Hachiko, dem japanischen Akita gewidmet, der 10 Jahre am Bahnhof auf sein verstorbenes Herrchen gewartet hat. Zugleich ist die Serie ein Versuch über die Treue.

Die Fotos der Serie „Wartende Hunde" entstanden nicht nur in Berlin, sondern auch auf Reisen nach Venedig, New York und in vielen anderen Orten.

Die Künstlerin Barbara Wrede aus Berlin gründete den Köterklub. In ihrem Atelier porträtiert, fotografiert und zeichnet sie Hunde und betreibt meditative, bis zu einem Quadratmeter große Fellstudien. Mit Buntstift.